"十一五"国家重点图书出版规划项目

数学文化小丛书

李大潜　主编

费马大定理的证明与启示

周明儒

U0183100

高等教育出版社·北京

图书在版编目（CIP）数据

费马大定理的证明与启示 / 周明儒.
—北京：高等教育出版社，2007.12（2024.1重印）
（数学文化小丛书 / 李大潜主编）
ISBN 978-7-04-022368-2

Ⅰ. 费… Ⅱ. 周… Ⅲ. 费马最后定理—定理证明—普及读物
Ⅳ. O156-49

中国版本图书馆 CIP 数据核字（2007）第 159495 号

项目策划 李艳馥 李 蕊

策划编辑	李 蕊	责任编辑 崔梅萍	封面设计	王凌波
责任绘图	杜晓丹	版式设计 王艳红	责任校对	杨雪莲
责任印制	田 甜			

出版发行	高等教育出版社	咨询电话	400-810-0598
社 址	北京市西城区德	网 址	
	外大街4号	http://www.hep.edu.cn	
邮政编码	100120	http://www.hep.com.cn	
印 刷	中煤（北京）印务	网上订购	
	有限公司	http://www.landraco.com	
开 本	787×960 1/32	http://www.landraco.com.cn	
印 张	3.25	版 次	2007年12月第1版
字 数	56 000	印 次	2024年1月第18次印刷
购书热线	010-58581118	定 价	10.00 元

本书如有缺页、倒页、脱页等质量问题，请到所购图书销售部门联系
调换。

数学文化小丛书编委会

数学文化小丛书总序

整个数学的发展史是和人类物质文明和精神文明的发展史交融在一起的。数学不仅是一种精确的语言和工具、一门博大精深并应用广泛的科学，而且更是一种先进的文化。它在人类文明的进程中一直起着积极的推动作用，是人类文明的一个重要支柱。

要学好数学，不等于拼命做习题、背公式，而是要着重领会数学的思想方法和精神实质，了解数学在人类文明发展中所起的关键作用，自觉地接受数学文化的熏陶。只有这样，才能从根本上体现素质教育的要求，并为全民族思想文化素质的提高夯实基础。

鉴于目前充分认识到这一点的人还不多，更远未引起各方面足够的重视，很有必要在较大的范围内大力进行宣传、引导工作。本丛书正是在这样的背景下，本着弘扬和普及数学文化的宗旨而编辑出版的。

为了使包括中学生在内的广大读者都能有所收益，本丛书将着力精选那些对人类文明的发展起过重要作用、在深化人类对世界的认识或推动人类对世界的改造方面有某种里程碑意义的主题，由学有专长的学者执笔，抓住主要的线索和本质的内容，由浅入深并简明生动地向读者介绍数学文化的丰富内涵、数学文化史诗中一些重要的篇章以及古今中外一些著名数学家的优秀品质及历史功绩等内容。每个专题篇幅不长，并相对独立，以易于阅读、便于携带且尽可能降低书价为原则，有的专题单独成册，有些专题则联合成册。

希望广大读者能通过阅读这套丛书，走近数学、品味数学和理解数学，充分感受数学文化的魅力和作用，进一步打开视野，启迪心智，在今后的学习与工作中取得更出色的成绩。

李大潜

2005年12月

目　　录

如果有人要问, 20 世纪, 在数学界里影响最大、最为轰动的事件是什么?在数学科学取得的众多新的重大成果中,最具标志性的成果是什么?数学家们会普遍地认为是**费马大定理**的证明, 而且非它莫属!

为什么费马大定理的证明会有如此大的影响?要回答这个问题,只需简要地回顾一下这个长达 358 年艰难的攀登过程, 从中我们也会得到宝贵的教益.

一、一个众所皆知的定理

在人类认识世界的历史进程中, 最早知道的几何学定理, 大概要数**勾股定理**: 直角三角形两个直角边的平方和等于其斜边的平方. 这个定理在成书不晚于公元前2世纪的西汉时期的中国古代数学著作《**周髀算经**》中已有记载. 古希腊学者**毕达哥拉斯**(Pythagoras, 约公元前580—约前500)也已发现.

勾股定理用方程式表示, 就是:

$$x^2 + y^2 = z^2. \tag{1}$$

满足这个方程的正整数有无穷多个. 例如

$$x = 3, y = 4, z = 5;$$

$$x = 5, y = 12, z = 13;$$

$$x = 3n, y = 4n, z = 5n(\text{其中}n\text{为正整数})$$

等, 都是它的解.

方程(1)的每一个正整数解(x, y, z)称为一组**勾股数**. 上面给出的这些解都是勾股数, 可见, 勾股数有无穷多组. 其实, 如果我们注意到

$$(n+1)^2 - n^2 = 2n + 1,$$

只要选取n使得$2n + 1$成为一个正整数m的平方, 那么m, n和$n+1$就是一组勾股数. 例如取$n = 12$, 就得到一组勾股数: 5, 12, 13.

容易验证, 毕达哥拉斯三元数组

$$\frac{m^2 - 1}{2}, m, \frac{m^2 + 1}{2}(m\text{为奇整数})$$

是勾股数. 此外, 若设m, n是正整数, $m > n$, 则

$$m^2 - n^2, 2mn, m^2 + n^2$$

也是勾股数.

因为方程(1)的解不是唯一确定的, 所以这样的方程叫做**不定方程**.

以寻求整数解问题而著名的希腊数学家丢番图(Diophantus, 约246—330), 把自己研究过的问题汇集成一本书, 名为《算术》, 全书共13卷, 但只有6卷逃过了欧洲中世纪的战乱和破坏而幸存下来. 1621年, 法国学者巴歇(C. G.Bachet)将丢番图的《算术》翻译成拉丁文, 从而此书在欧洲得到流传.

二、费马给世人留下了一个不解之谜

大约1637年左右，法国学者费马在研究丢番图《算术》一书的第2卷时，被毕达哥拉斯三元数组的种类和数量之多吸引住了．他进一步考虑：如果方程(1)中未知数的幂次不是2而是3，这时方程还有正整数解吗？如果未知数的幂次都是4呢？一般地，不定方程

$$x^n + y^n = z^n (n > 2) \qquad (2)$$

有没有正整数解呢？

经过深入的思考之后，他在《算术》这本书靠近问题8的页边处，写了下面一段话：

"一个立方数不能分拆为两个立方数，一个四次方数不能分拆为两个四次方数，一般说来，除平方之外，任何次幂都不能分拆为两个同次幂．我已找到了一个奇妙的证明，但书边空白太窄，写不下．"

也就是说，**方程(2)在 $n > 2$ 时没有正整数解．**

这就是困惑了世间数学家们长达358年之久的著名的**费马大定理．**

1665年费马去世，他的长子塞缪尔(C. Samuel)花了5年时间收集他父亲的注记和信件，1670年他出版了《附有费马评注的丢番图的算术》(Diophantus' Arithmetica Containing Observations by P.de Fermat). 书中包含了原版希腊文, 巴歇的拉丁文译文以及费马的48个评注.

从此, 费马的上述论断被广为传知, 并在三百多年里使一代代数学家们为了寻求它的证明而伤透了脑筋.

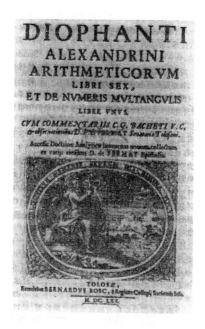

图1　1670年出版的《附有费马评注的丢番图的算术》
一书的扉页

三、"业余数学家之王"——费马

图2 费马

皮埃尔·德·费马(Pierre de Fermat,1601—1665)1601年8月20日出生于法国西南部罗马涅镇一个富有的皮革商家庭,早年在修道院受教育,后在图卢兹大学工作.1631年获奥尔良大学民法学士学位,后被任命为图卢兹议会顾问,任务是与国王联络并保证国王的命令在本地区得以执行.因鼠疫的流行,作为幸存者的费马很快晋升为图卢兹议会最高法庭的大法官.费马没有政治野心,尽力避开议会中的混战,而把公务以外的时间和精力都用到了他所钟爱的数学上, 并在数学的众多领域取得了杰出的成就, 被世人誉为"业余数学家之王".

他和笛卡儿(R. Descartes, 1596—1650)齐名, 是**解析几何的创立者之一**. 他在1629年写的《论平面和立体的轨迹引论》一书中, 清晰地阐述了解析几何的思想.

他是**微分学的先驱者之一**. 在1637年的一份手稿中, 他给出的求函数的极值的方法几乎相当于现今微分学中所用的方法. 他还用自己的方法来求曲线的切线.

他是**近代数论的开拓者**. 他提出了不少关于整数性质的定理, 或者说是猜想, 因为他只对其中个别命题留下了自己的证明. 但这些猜想绝大多数已经被后人所证实. 例如:

1640年提出的**费马小定理**: 对任意的整数a和任意的素数p, $a^p - a$可以被p整除. 这个命题于1736年被欧拉(Euler)所证明.

平方和问题: 1. 将一个正整数表示成两个整数的平方和, 对于每个形如$4n + 1$的素数及其平方, 都只有一种方式; 而对每个形如$4n + 1$的素数的三次方和四次方, 都可以有两种方式; 对其五次方和六次方都可以有三种方式, 如此等等, 以至无穷. 例如当$n = 1$时,

$$5 = 2^2 + 1^2,$$

$$5^2 = 3^2 + 4^2,$$

$$5^3 = 2^2 + 11^2 = 5^2 + 10^2,$$

等等. 2. 每个正整数可表示成四个或少于四个平方数之和. 上述两个命题, 分别被欧拉于1754年和拉格朗日(Lagrange)于1770年所证明.

费马的众多猜想中也有个别是不对的. 例如1640年他在给梅森(Mersenne)的一封信中断言: 形如 $2^{2^n} + 1(n = 0, 1, 2, \cdots)$ 的数永远是素数. 这种数被称作**费马数**, 记为F_n. 当$n = 0, 1, 2, 3, 4$ 时F_n 的确是素数, 但在1732年, 欧拉指出 $F_5 = 641 \times 6700417$ 并非素数, 而且后来人们发现, 从5到16的所有n, F_n 都不是素数. 这个猜想是完全错了.

费马还是**概率论的先驱者之一**. 1654年左右, 他与帕斯卡(B.Pascal, 1623—1662)在一系列通信中讨论了"如果赌博中途结束, 如何分配赌金才合理"等概率问题, 并用组合方法给出了正确的解答.

费马是一个隐身独处而无意名利的天才, 他认为公开发表和被人们承认对他来说没有任何意义, 他因自己能够发现新的未被他人所知的定理带来的快乐而心满意足. 虽然他也在给一些数学家的信中叙述自己的最新发现, 但不提供相应的证明. 这种"恶作剧"除了使自己有一种让同行们烦恼而带来的满足外, 也可以使自己无须承受别人的挑剔的折磨, 并且无须花时间去完善自己的证法. 这位缄默的天才放弃了成名的机会, 同时也避免了被别人质疑带来的分心.

四、漫长探索之路的 三个阶段

费马关于不定方程(2)没有正整数解的论断,究竟是不是如他所说"已找到了一个奇妙的证明",这已成为数学史上的一个千古之谜.

但从这一论断在1670年公诸于世起,一代代的数学家,包括像瑞士数学家欧拉、德国数学家高斯、法国数学家柯西、勒贝格这样一些各领风骚上百年的数学大师在内,以各种不同的方法尝试证明费马大定理,但都没有成功.

这个难题,一直到1994年,才被一位英国的青年数学家安德鲁·怀尔斯彻底解决.

从费马发现这个定理到怀尔斯给出严格的证明,前前后后一共358年,其间大致可以分为三个阶段:

第一阶段,1637—1840年间对一些n逐个地研究;

第二阶段,1840—1982年间取得了第一次重大突破但长期停滞不前;

第三阶段,1983—1994年间取得第二次重大突破和问题得到彻底解决.

五、二百年里只前进了四小步

在1637—1840年间，人们所掌握的数学知识还只能够对这个问题进行逐个的、具体的研究. 但问题是如此艰难, 二百年里, 人们只证明了当n为3, 4, 5, 7这些值时费马大定理成立, 在那无尽头的正整数的长河中只前进了小小的四步.

费马用"无限下降法"证明了$n = 4$的情形

1637年, 费马本人用他创造的"无限下降法"证明了当$n = 4$时方程(2)没有正整数解. 无限下降法的大意是: 为了证明当$n = 4$时方程(2)没有正整数解, 用反证法. 假设有解(x_1, y_1, z_1), 则可证明必有一个"小一些"的解(x_2, y_2, z_2), 其中z_2是比z_1小的正整数;继而又可证明存在一个"更小"的解(x_3, y_3, z_3), z_3是比z_2小的正整数, 如此可以一直推下去, 但是, z_1, $z_2, z_3, \cdots$ 必须是正整数, 因此这一过程不可能永远进行下去, 所以, 当$n = 4$ 时方程(2) 不可能有正整数解.

欧拉证明了 $n = 3$ 时定理成立

欧拉(L.Euler, 1707—1783)是有史以来最多产的伟大数学家. 瑞士自然科学协会将他生前得以保存下来的886件书籍和论文, 于1911年开始出版《欧拉全集》, 现已出版70多卷, 计划出齐84卷. 令人痛惜的是, 由于过度工作, 1735年欧拉28岁就右眼失明, 30年后, 他左眼又得了白内障, 视力日益消退. 1771年, 圣彼得堡突起大火又殃及欧拉的住宅, 仆人冒着生命危险将他从大火中背了出来, 可是欧拉的书库、大量的文稿和研究成果却被化为灰烬. 沉重的打击, 并没有使欧拉屈服. 当他右眼失明时, 他说: "现在我将更少分心了"; 而在他意识到自己的左眼也难保时, 就开始练习闭上眼睛进行书写, 因此在他1771年左眼白内障手术失败双目完全失明后, 仍能自己工作. 但几个月后欧拉的字迹变得难以辨认, 他的儿子阿尔贝担当起誊写员的角色. 在生命的最后10多年里, 他以惊人的毅力与黑暗作斗争, 凭着超常的记忆力和非凡的心算能力, 继续他的研究, 通过口述让儿子记下了400多篇数学论文, 这怎不令人肃然起敬!

1753年8月4日, 欧拉在给哥德巴赫(C.Goldbach)的信中, 宣布他证明了 $n = 3$ 时费马大定理成立, 其证明于1770年发表在他的《代数指南》一书中. 这个证明以"无限下降法"为基础, 并用到一个关键的性质: 在由形如 $a + b\sqrt{-3}$ 的数组成的数系 $\{a + b\sqrt{-3}\}$(a, b 为任意整数)中, 存在**唯一因子分解定理**, 即每一个整数都可唯一地分解为这个数系中素数的乘积.

图3　欧拉

但欧拉的方法当 $n = 5$ 时就行不通了. 因为公元前3世纪时欧几里得证明的"算术基本定理": 每个自然数都可唯一地分解为素因数的乘积, 亦即自然数系中有唯一因子分解定理, 在引进虚数之后就未必成立了. 事实上, 人们后来知道, 对于形如 $\{a + b\sqrt{-n}\}$ 的数系(其中 n 为正整数, 当 $n - 3$ 可被4整除时, a, b 可取整数或半整数; 此外, a, b 只取整数), 仅当 n 为1, 2, 3, 7, 11, 19, 43, 67, 163这9个值时, 才存在唯一因子分解定理. 例如在数系 $\{a + b\sqrt{-5}\}$ 中, 数6就有两种分解:

$$6 = 3 \times 2 = (1 + \sqrt{-5})(1 - \sqrt{-5}).$$

从1670年算起, 100年过去了, 才有了 $n = 3$ 的欧拉证明, 而这一证法又与费马的无限下降法有很大的不同, 这使人们感到要想证明一般的情形实在是太遥远了. 1816年巴黎科学院为解决费马大定理的证明设立了大奖和奖章, 重新点燃了人们的热情.

问题的转化与简化

人们注意到两个简单的事实:

第一, 如果当$n = m$时, 方程(2)没有正整数解, 则当$n = km$(k为正整数)时也没有正整数解.

事实上, 如果有$x^{km} + y^{km} = z^{km}$成立, 则(x^k, y^k, z^k)就是方程(2)当$n = m$时的解.

第二, 只需考虑n为大于2的奇素数和$n = 4$的情形.

这是因为:

大于2的奇数, 或为奇素数, 如3, 5等; 或可分解为奇素数的乘积, 如$9 = 3 \times 3$等. 因此, 由第一个事实可知, 当n是大于2的奇数时, 都可以归结为对奇素数的研究.

大于2的偶数, 或为奇数的2倍, 如$6 = 2 \times 3$, 它们可以归结为对奇数、从而可以进一步归结为对奇素数的研究; 或为偶数的2倍, 即4的倍数, 如$4 = 1 \times 4, 8 = 2 \times 4$, 它们可以归结为对$n = 4$的研究.

由于$n = 3$和$n = 4$的情形已经解决, 因此为了证明费马大定理, 只需进一步考虑n是5, 7, 11, 13 等奇素数的情形.

狄利克雷和勒让德证明了 $n = 5$ 的情形

在这期间法国有位自学成才的女数学家索菲·热尔曼, 她证明了当 n 是素数且 $2n+1$ 也是素数时, 如果方程(2)有正整数解 (x, y, z), 则 n 必定能整除其中的某一个数.

在热尔曼工作的基础上, 1825年, 德国数学家狄利克雷(P. G. L. Dirichlet, 1805—1859) 和法国数学家勒让德(A. M. Legendre, 1752—1833) 分别独立地证明了 $n = 5$ 的情形, 他们将欧拉证明 $n = 3$ 时起关键作用的等式 $p + q\sqrt{-3} = (a + b\sqrt{-3})^3$ 延伸为 $p + q\sqrt{5} = (a + b\sqrt{5})^5$, 但明智地避开了唯一因子分解定理.

拉梅证明了 $n = 7$ 的情形

1839年, 法国数学家拉梅(G.Lamé, 1795— 1870) 对热尔曼的方法作了进一步的、巧妙的补充, 并证明了 $n = 7$ 的情形, 但他的证明用了与数7本身密切相关的巧妙工具, 因此难以推广到 $n = 11$ 的情形.

被誉为"数学王子"的高斯(K. F. Gauss, 1777—1855)也考虑过费马大定理的问题, 但在证明 $n = 7$ 的情形失败后放弃了该课题. 他的一个朋友曾写信劝他去竞争巴黎科学院为解决费马大定理的证明而设立的大奖, 他回信说: "我非常感谢你关于巴黎那个奖的消息, 但是我认为费马大定理作为一个孤立的命题对我来说几乎没有什么兴趣, 因为我可以很容易地写下许多这样的命题, 人们既不能证明它们又不能否定它们."

图4 高斯

巴黎科学院里戏剧性的一幕

1847年, 在巴黎科学院里, 上演了富有戏剧性的一幕. 3月1日, 拉梅在科学院宣布自己差不多已经证明费马大定理了, 他概述了他的方法也是通过引进复数, 并利用唯一因子分解定理, 只是证明还不完整, 但他自信几星期后会发表一个完整的证明. 他还谦虚地说, 这些想法中有的是刘维尔(J.Liouville,1809—1882)告诉他的. 但刘维尔接着说, 在研究方程整数解的问题中使用复数, 并非他的创造, 欧拉和高斯等人早就这样做了. 同时他认为拉梅的证明思想中漏洞太大, 很难补上.

图5　柯西

　　紧接着, 柯西(A. L. Cauchy, 1789—1857)请求发言, 说他一直在用与拉梅类似的方法进行研究, 并且早在1846年10月就已提交给法国科学院一份报告, 指出了证明费马大定理的一种思路, 只是后来没有时间去做, 他也即将发表一个完整的证明. 此后, 在法国科学院每周一次的例会上, 这个问题成了数学家们热烈讨论的议题.

　　在整个4月份, 随着柯西和拉梅在科学院通报上发表他们虽然撩人但是含糊的证明细节, 大家的期望也越来越迫切了. 但大大出乎人们意料的是, 5月24日, 刘维尔在科学院宣读了德国数学家库默尔的来信, 信中指出: 3年前他就发现, 在引进虚数后的整数系中唯一因子分解定理一般是不成立的. 库默尔还随信附了他发表的论文. 而拉梅和柯西的证明都要用到该定理.

　　库默尔的信使拉梅一下子泄了气, 但柯西感到自己的方法对唯一因子分解的依赖程度较轻, 而且库默尔的结论还没有经过核对, 它仍有存在缺陷的可能. 因此柯西并未停止工作, 在几个星期中继续发表有关这个题材的论文, 但到了夏季结束时也停止了. 柯西和拉梅都是空欢喜、白激动了一场.

六、自学成才的杰出
女数学家热尔曼

如前所述, 狄利克雷、勒让德和拉梅的成功, 都是建立在热尔曼的成果基础上的. 索菲·热尔曼(Sophie Germain, 1776—1831)是一位巾帼不让须眉、自学成才的杰出数学家.

热尔曼出生在法国的一个商人家庭, 13岁时从数学史书上看到阿基米德在罗马士兵攻破城池并将他刺死之前还在研究几何学而深受感动, 并立志把一生献给"这门能使人达到如此崇高的英雄主义的科学". 当她的父母看到这个小姑娘竟夜以继日地埋头学习一本《数学大全》时非常吃惊和担心, 便没收了她的蜡烛和任何可以取暖的东西来阻止她继续学习. 但她仍然半夜三更起来, 裹着被单在滴水成冰的房间里偷偷读书. 深受感动的父亲终于不仅同意她继续学习, 而且为她买回来刚出版的《微分学与积分学教程》. 1794年, 巴黎综合工科学校成立, 刚满18岁的热尔曼是多么盼望能进入这所学府聆听全法国一流数学教授的讲课啊, 但这所学校(直到她逝世多年之后也)不收女生. 热尔曼只好冒名为一个已经离开综合工科学校的学生勒布朗, 设法领取了学校给勒布朗印发的讲课材料和习题, 并每周以此化名上交习题解答. 两个月后, "勒布朗"这位原本以糟透了的数学能力而出名的学生, 如今在作业中显示出来的才华, 引起了大数学家拉格朗日(J. L. Lagrange, 1736—1813) 的注意. 他要这位学生来见他, 当拉格朗日见到热尔曼后, 十分震惊和高兴, 并成了热尔曼的导师.

图6　热尔曼

1801年, 热尔曼又将学习高斯关于数论的专著《算术研究》后写的论文以及她关于费马大定理研究的成果, 以"勒布朗"的男性假名寄给高斯. 高斯看过后认为此人绝非一名普通的业余数学爱好者. 1806年拿破仑入侵普鲁士, 热尔曼担心阿基米德的惨剧在高斯身上重演, 她便写信给她的朋友、法军指挥官帕尼提将军, 请求他保证高斯的安全. 将军对高斯给予了特别的照顾, 并向他解释是热尔曼小姐挽救了他的生命. 高斯非常感激, 也很惊讶, 因为他从未听说过索菲·热尔曼. 热尔曼只好给高斯写信, 勉强地透露了自己的真实身份, 她深感担忧地写道: "我以前曾用勒布朗的名字与您通信, 这些信件无疑不值得您答复……我希望今天向您吐露的真情不会剥夺您给予我的荣幸, 并恳请您抽出几分钟时间向我介绍一些您自己的情况". 高斯充满慈爱和鼓励地给她回信说: "我如何向您描述当我看到我的尊敬的信友勒布朗先生变为一个极为杰出的女士时是多么钦佩和吃惊呢? 她给出了一个使人难以相信的光辉榜样. 一般说来, 对抽象科学, 特别是对数的奥秘, 很少人感兴趣. 这门卓越的科学只向那些有勇气深入探索的人展现她迷人的魅力. 由于我们的习惯和偏见, 女性要熟悉这些棘手的研究必然遇到比男性多得多的困难. 但是当一个女性成功地超越了这些障碍, 深入到其中最难解的部分, 那就毫无疑问, 她必定具有最崇高的勇气, 非凡的才能和超人一等的天才."

1808年, 法国科学院根据拿破仑的建议设立了一项特别奖, 奖励有关振动对物体影响的研究或相关的数学定理. 由于热尔曼关于弹性板的振动研究的出色成果, 法国科学院于1815年将这项特别奖授予了她.

鉴于热尔曼的杰出成就, 高斯说服了格丁根大学授予她名誉博士学位, 可悲的是, 在格丁根大学授予她这个荣誉之前, 她却不幸死于乳腺癌.

终生未婚的热尔曼生活在一个妇女没有平等地位的年代, 但她敢于同命运抗争并取得了卓越成就,这既令人肃然起敬, 也让人无限感慨.

　　1913年, H.J.Mozans就义正词严地指出: "考虑到所有这一切, 她或许是法国迄今出现过的造诣最深的潜心于学术研究的女性. 但令人感到奇怪的是, 当国家官员为这位法国科学院一些最杰出的成员的卓越的同行和合作者出具死亡证明书时, 竟将她的身份记为rentière-annuitant(无职业未婚妇女) 而不是mathématicienne(女数学家). 事情还不止于此. 在建造埃菲尔铁塔的过程中工程师们必须特别注意所用材料的弹性. 当埃菲尔铁塔落成之时, 在这座高耸的建筑物上镌刻着72位专家的名字. 但是人们在这个名单中却找不到这位以其研究工作为金属弹性理论的建立作出过巨大贡献的天才女性的名字——索菲·热尔曼. 难道她被排除在这个名单之外也是出于与阿涅西不能入选法国科学院院士同样的理由——因为她是一个女人吗?事情似乎就是如此. 如果真的是这样, 那么对一位如此有功于科学并且由于她的成就而在名誉的殿堂中已经获得值得羡慕的地位的人做出这种忘恩负义的事来, 那些对此负有责任的人该是多么的羞耻."

七、库默尔取得了第一次
重大突破

1840—1850年间, 费马大定理的证明取得了第一次重大突破. 高斯的学生、德国数学家库默尔(E. E. Kummer,1810—1893)用他创立的**理想数理论**, 历史上第一次对一批指数n证明了费马大定理.

1801年, 高斯在《算术研究》一书中创立了复整数理论. 复整数即形如

$$x + \mathrm{i}y(x, y 都是整数, \mathrm{i} = \sqrt{-1})$$

的数, 现称之为高斯复整数(或高斯整数). 高斯复整数的研究源于"二平方和问题", 即哪些正整数可以表示成两个整数的平方和?例如$5 = 1^2 + 2^2$, 但7则不行. 任何一个正整数n均可写成$n = m^2 m'$的形式, 其中m是正整数, m'等于1或者是不同素数的乘积, 例如$2400 = 20^2 \times 6, 6 = 2 \times 3$. 高斯证明了:n 是二平方和的充分必要条件是$m'$等于1或者它的所有素因子被4除的余数都不等于3, 从而彻底解决了"二平方和问题". 例如, 由此可以断定, 对于每个正整数m,方程$x^2 + y^2 = 3m^2$没有整数解. 而更重要的是高斯解决这个问题的方法, 高斯把方程$n = x^2 + y^2$改写成

$$n = (x + \mathrm{i}y)(x - \mathrm{i}y),$$

并引进了复整数的概念, 从而把原来在整数中考虑的问题扩大到高斯复整数中去考虑, 并且发现, 高斯复整数也像通常的整数那样, 可以唯一地表示成有限个高斯复素数之积, 即唯一分解定理成立. 进而高斯给出了计算二平方和问题解的个数的公式.

库默尔正是在高斯上述思想方法的基础上, 作了进一步的研究. 从1844年起, 库默尔发表了一系列论文, 试图解决证明费马大定理中涉及的一个关键问题——唯一因子分解定理.

因为只需考虑 n 为奇素数 p 的情形, 库默尔将 $x^p + y^p = z^p$ 写成

$$y^p = z^p - x^p = (z-x)(z-\zeta_p x)\cdots(z-\zeta_p^{p-1}x),$$

其中 $\zeta_p = \mathrm{e}^{2\pi\mathrm{i}/p}$, 成立 $\zeta_p^p = 1$ 且 ζ_p 也是方程

$$x^{p-1} + x^{p-2} + \cdots + x + 1 = 0$$

的一个根. 这就引导他将高斯的复整数理论推广到形如

$$a_0 + a_1\zeta_p + \cdots + a_{p-1}\zeta_p^{p-1}$$

的复数, 其中每个 a_i 都是普通整数.

库默尔起初以为对于这一类数, 唯一分解定理仍然成立, 并在此前提下给出了费马大定理的证明. 但不久狄利克雷指出这一假定是错误的.

为了重建唯一分解定理, 库默尔在1844—1847年间创立了**理想数理论**, 进而严格证明了

对于100以内除了37, 59, 67之外的所有奇素数 p 费马大定理成立.

这是历史上第一次对一批指数n证明了费马大定理.

库默尔的成果使人们似乎又看到了完全证明费马大定理的希望, 巴黎科学院也在1850年又一次宣告: 将为解决这一问题的人授予一枚金质奖章和3000法郎的奖金, 但仍然无人成功. 1856年, 巴黎科学院决定撤销对这一问题的竞赛, 而将大奖授给了库默尔. 在柯西所作的"关于竞争数学科学大奖的报告"中说:"竞争开始于1853年, 终止于1856年. 曾经有11份专题学术论文提交给秘书, 但是没有一份解决了所提议的问题. 因此……委员们认为, 如果撤销对这个问题的竞赛而将奖授予库默尔先生, 以表彰他关于由单位根和整数组成的复数所做的美妙工作, 那将是科学院作出的一项公正而有益的决定."

图7　库默尔

恩斯特·库默尔于1810年1月29日生于德国索拉

乌(现为波兰的扎雷),父亲是医生. 在他童年时, 拿破仑军队的入侵, 带来了斑疹伤寒的流行, 父亲因病而死, 使他心灵受到很大创伤, 库默尔发誓要尽力使祖国免遭法国人侵犯. 父亲去世后, 母亲艰难地把他们兄弟抚养成人并给了启蒙教育. 1828年他在哈勒大学专攻神学, 后来受数学教授舍尔克(H. Scherk)的影响改学数学. 1831年获博士学位后, 到中学教了10年的数学和物理. 在繁重的教学工作之余, 他坚持数学研究和对炮弹的弹道曲线问题研究. 1839年, 在狄利克雷的推荐下他被选为柏林科学院通讯院士. 1842年成为布雷斯劳大学教授, 他的数学研究从函数论开始转向数论. 1855年他接替了狄利克雷的柏林大学数学教授职位, 并成为柏林科学院正式院士. 1856年, 魏尔斯特拉斯(Weierstrass)到柏林大学任副教授, 1861年他的学生克罗内克也以科学院院士身份在柏林大学任教, 他们3人组织了德国重要的数学研究中心. 库默尔还在柏林军事学院兼职讲授弹道学, 并对军事问题一直有浓厚的兴趣. 他对培养学生十分热心, 著名数学家施瓦茨(Hermann Schwartz)、康托尔(Cantor)和哥尔丹(Paul Gordan)都曾是他的博士生. 他还担任了不少行政工作, 1863—1878年任柏林科学院物理数学部秘书, 1865—1866年为柏林大学哲学院院长, 1868—1869年任柏林大学校长. 因患流感不治, 1893年5月14日他平静地离开了人世.

库默尔大大推动了代数数论这一数学分支的发展. 德国数学家戴德金(Dedekind, 1831—1916)等将库默尔的工作进一步系统化, 并推广到一般的代数数域, 建立了理想理论, 将库默尔的"理想数"发展成为现今代数数论中的一个重要概念: 环的"理想".

图8　勒贝格

库默尔之后, 费马大定理的研究长期停滞不前. 虽然也不乏探索者, 但都没有成功. 其中包括将通常的黎曼积分推广为勒贝格积分, 从而开拓了实变函数论的大数学家勒贝格(H.L.Lebesgue,1875—1941). 他也曾向巴黎科学院提交过一个费马大定理的证明, 由于他的声望, 科学院上下大为振奋, 以为这个难题终将由本国人解决了. 但经过仔细审查, 仍然发现了漏洞, 勒贝格的努力也失败了.

八、一项巨额奖金非同寻常的缘由

在库默尔的工作之后，证明费马大定理的希望似乎比以前更渺茫了，数学的各种不同的研究领域吸引着新一代的数学家，人们不愿陷入那些似乎不可能解决的问题的死胡同而不能自拔. 到20世纪初，费马大定理问题虽然在数论学家的心目中仍然占有特殊的地位，但他们大多也只是把它当作是过去留下来的一个颇具浪漫色彩的梦罢了.

但是，出乎人们意料的是，1908年6月27日，格丁根皇家科学协会宣布设立10万马克的巨额奖赏，用来授予第一个证明费马大定理的人. 这究竟是怎么回事呢？

事情要从德国的一位实业家保罗·沃尔夫斯凯尔(P.Wolfskehl)说起. 沃尔夫斯凯尔家族以其财富和乐于资助艺术和科学而闻名，保罗也不例外. 他在大学里学过数学，虽然他的绝大部分时间花在营造家族的商业帝国上，但他仍与职业数学家保持着联系，并且继续涉猎数论，特别是对费马大定理的关注之情难以割舍.

沃尔夫斯凯尔并不是一个有天赋的数学家，也不是早就决心要为费马大定理的证明作出贡献的人. 然而一连串不可思议的事件，使他与费马问题永远联系在了一起.

图9 沃尔夫斯凯尔

故事是从沃尔夫斯凯尔对一位漂亮女性的迷恋开始的, 遗憾的是他被拒绝了. 十分沮丧、极端失望的他想一死了之. 沃尔夫斯凯尔虽然感情强烈, 但并不鲁莽. 他极其谨慎地计划他的死亡, 包括每个细节. 他定下了自杀的日期, 决定在午夜钟声响起时对着头部开枪. 在剩下的日子里, 他将所有的重要商业事务一一处理完毕, 到了最后的一天, 他写下了遗嘱, 并给所有的亲属和好友写了信.

有着较高数学修养的沃尔夫斯凯尔, 高效率地把所有的事情办完, 离他所定的午夜时限还早, 为了消磨这几个小时, 他到图书室里开始翻阅数学书籍. 很快他就不知不觉地被库默尔解释柯西和拉梅失败的原因的经典论文吸引住了. 沃尔夫斯凯尔一行接一行地进行计算, 突然他惊呆了: 库默尔提出了一个假定，但在他的论证中并没有说明其合理性。沃尔夫斯凯尔不清楚到底是他发现了库默尔的一个严重缺陷呢，还是库默尔的假定本身是合理的。如果是前者，那么费马大定理的证明就有可能比许多人推测的容易得多。

他坐了下来，仔细审阅那一段不充分的证明，渐渐地有了思路并给出了一个小证明，他全神贯注地工作到黎明时分才完成。库默尔的证明被补救了，从而费马大定理依旧无法证明；但是原来规定的自杀时间也已经过了。沃尔夫斯凯尔对自己发现并改正了大数学家库默尔工作中的一个漏洞感到无比骄傲，以致他的失望和悲伤荡然无存了。数学重新唤起了他生命的欲望。沃尔夫斯凯尔撕毁了他写好的告别信，重新立下了遗嘱。

1908年他离开了人世，从宣读的新遗嘱中，沃尔夫斯凯尔家族震惊地听到，保罗已经把他财产中的一大部分遗赠作为一个奖，规定奖给任何能证明费马大定理的人，奖金为10万马克，以此作为对这个挽救过他生命的复杂难题的报恩。

负责掌管这笔钱的格丁根皇家科学协会，在同一年正式宣布了沃尔夫斯凯尔奖的竞赛规则：

根据在达姆斯塔特去世的保罗·沃尔夫斯凯尔博士授予我们的权力，我们在此设立10万马克的奖赏，准备授予第一个证明费马大定理的人。

下列规定将予以遵守：

(1) 格丁根皇家科学协会拥有绝对的权力决定该奖授予何人。本会拒绝接受任何以参与竞赛获得该奖为唯一目的而写的任何稿件. 本会只考虑在定期刊物上以专著形式发表的或在书店中出售的数学专题论著, 协会要求作者呈交至少5本已出版的样本.

(2) 凡以评委会挑选的学术专家不能理解的语言发表的著作不属本竞赛考虑范围. 这类著作的作者可以用忠实于原文的翻译本代替原著.

(3) 协会没有责任审查未提请它注意的著作, 也不对可能由于著作的作者或部分作者不为协会所知这个事实而造成的差错承担责任.

(4) 在多名人员解答了这个问题, 或者该问题的解答是由几名学者共同努力所致的情况下, 协会保留决定权, 特别是对奖金分配的决定权.

(5) 协会举行颁奖不得早于被选中的专著发表后的两年. 这段时间供德国和外国的数学家对所发表的解答的正确性提出他们的意见.

(6) 此奖的授予由协会确定后, 秘书就以协会的名义立即通知获奖者, 此结果将在上一年曾宣布过这项奖的各地公布. 协会对该奖的指派一经决定就不再更改.

(7) 在颁布后3个月内, 将由格丁根大学皇家出纳处向获奖者支付奖金, 或者由受奖者自己承担风险在他指定的其他地点支付.

(8) 钱款可按协会的意愿以现金或等值的汇票送收. 汇票送达即认为已完成奖金的支付, 即使在这天结束时汇票的总价值可能不到10万马克.

(9) 如果到2007年9月13日尚未颁布此奖，将不再继续接受申请.

格丁根皇家科学协会

1908年6月27日

从这份考虑周全、措词严谨的设奖通告中，不难看到数学本身的严谨，而特别值得注意的是，虽然委员会将授予第一个证明费马大定理成立的数学家10万马克，但对任何证明它不成立的人则是一分不给. 而且设奖的最后期限是2007年9月13日，也就是说只留给数学家们不到100年的研究时间.

九、从奇素数 *p*<211 推进
到 *p*<400 万

当年所有的数学杂志都刊登了设立沃尔夫斯凯尔奖的通告, 竞赛的消息迅速传遍欧洲, 但尽管有宣传攻势和巨额奖金的刺激, 仍未能唤起正统数学家的很大兴趣. 大多数职业数学家把证明费马大定理看作是必然会失败的事情, 不值得浪费时间去做这种蠢事. 但这项巨奖也确实成功地唤起了人们对费马问题的关注, 吸引了一大批新的探索者, 来致力于解开这个极其难解之谜.

随着数学科学的进步和电子计算机的发明, 加上巨额奖金的激励, 对费马大定理的研究不断取得了一些新的成果.

1926年, 美国数学家范狄维尔(H. S. Vandiver, 1881—1975)纠正了库默尔证明中的错误, 1929年, 他用新的判据证明了: 奇素数值 $p < 211$ 时, 费马大定理成立.

此后, 数学家们将奇素数 p 的取值逐步改进, 从1954年起, 借助于计算机的帮助, 改进速度大大加快:

1954年为 $p < 2521$;

1955年为 $p < 4001$;

1967年为 $p < 25000$;

1977年达到$p < 125000$;

1987年为$p < 15$万;

截至1993年已经证明了当奇素数$p < 400$万时, 费马大定理成立.

但是, 400万相对于无穷多个奇素数来说仍然微不足道, 人们从中只能看到费马大定理的确极可能是对的, 但并不能说已经得到了该定理的证明.

继续沿着这样一条路走下去, 虽然可以进一步改进奇素数p的取值, 但永远不可能彻底地解决问题. 人们必须开辟一条新的道路, 才有可能达到胜利的彼岸.

从1983年起, 证明费马大定理的持久战进入了最后攻坚和彻底解决问题的第三阶段. 这一阶段是由德国的一位青年数学家法尔廷斯(G. Faltings, 1954 —)揭开序幕的.

十、法尔廷斯取得了第二次重大突破

法尔廷斯的突破是证明了代数几何中的一个猜想, 而代数几何是解析几何的进一步发展.

大家知道, 解析几何学的基本思想, 是在建立坐标系的基础上, 将形和数结合起来, 曲线和曲面可以表示为代数方程, 代数方程也可以理解为曲线和曲面. 一个代数方程的解就是该方程所对应的曲线或曲面上的点. 例如, 我们可以说 $x = 0, y = 1$ 是方程 $x^2 + y^2 = 1$ 的解, 也可以说点 $(0, 1)$ 在曲线 $x^2 + y^2 = 1$ 上. 有理数 $x = 3/5, y = 4/5$ 也是方程 $x^2 + y^2 = 1$ 的解, 点 $(3/5, 4/5)$ 称为曲线 $x^2 + y^2 = 1$ 上的有理点.

在解析几何中, 用方程的次数来对曲线和曲面分类. 例如直线是一次曲线, 椭圆、抛物线和双曲线都是二次曲线. 解析几何主要研究一次和二次的曲线与曲面.

19世纪上半叶, 关于三次和更高次的平面曲线的研究导致了代数几何学的建立. 代数几何中主要研究三次、四次的曲线和曲面以及它们的分类, 继而过渡到研究任意的代数流形. 和解析几何用方程的次数来对曲线和曲面分类不同的是, 代数几何用一个双有理变换不变量——亏格 g 来对代数曲线进行分类:

设 $f(x, y)$ 是以有理数为系数的多项式, 当曲线 $f(x, y) = 0$ 的亏格 $g = 0$ 时, 称它为有理曲线; $g = 1$ 时是所谓"椭圆曲线"; $g \geqslant 2$ 时是一般曲线.

直线、圆、椭圆、抛物线和双曲线等次数不超过 2 的曲线都是有理曲线. 在这些亏格 $g = 0$ 的曲线上, 或者没有有理点(例如我们在第七节中见过的方程 $x^2 + y^2 = 3m^2$ 没有整数解, 由此可知圆 $x^2 + y^2 = 3$ 上没有有理点); 或者一定有无穷多个有理点(例如在单位圆周 $x^2 + y^2 = 1$ 上).

所谓"椭圆曲线", 并非我们通常所说的椭圆, 而是指形如 $y^2 = f(x)$ [$f(x)$ 为 x 的三次多项式]的方程所表示的曲线. 椭圆曲线的典型方程为

$$y^2 = x^3 + ax + b,$$

其中 a 和 b 都是整数, $4a^3 + 27b^2 \neq 0$(这相当于说方程右端的三次多项式没有重根). 由于过去在计算椭圆的周长和行星轨道的长度时导致研究这类方程, 因而称之为椭圆曲线. 在椭圆曲线即亏格 $g = 1$ 的曲线上, 可能有无穷多个有理点(例如在 $y^2 = x^3 + 17$ 上就有 $(-2, 3)$, $(5234, 378661)$, $(137 / 64, 2651 / 512)$ 等无穷多个有理点); 也可能只有有限多个有理点(例如在 $y^2 = x^3 + 7x$ 上只有 $(0, 0)$ 这一个有理点).

由方程 $x^n + y^n = 1$ 定义的曲线称为**费马曲线**, 其亏格

$$g = \frac{1}{2}(n - 1)(n - 2),$$

当 n 等于 1 和 2 时亏格为 0, 是有理曲线; 当 $n = 3$ 时亏格为 1, 为椭圆曲线; 当 $n \geqslant 4$ 时, 亏格 $g \geqslant 3$.

1922年, 英国数学家莫德尔(Mordell, 1888—1972) 提出了一个大胆而重要的猜想:

亏格$g \geqslant 2$的不可约代数曲线上只有有限多个有理点.

按照莫德尔猜想, 方程$x^n + y^n = 1(n \geqslant 4)$至多有有限多个有理数解. 但由方程$x^n + y^n = z^n$的任意一组非零整数解$(a, b, c)$都可导出方程$x^n + y^n = 1$的一组有理数解$(a/c, b/c)$, 因此, 只要能够证明莫德尔猜想是对的, 我们就可断言: 如果$x^n + y^n = z^n(n \geqslant 4)$有非零整数解(无公因子)的话, 它至多只能是有限多个.

图10　法尔廷斯

1983年, 29岁的法尔廷斯证明了莫德尔猜想, 这一结果虽然没有证明费马大定理, 但却把存在无穷多个解的可能性降低到了至多只能有有限多个解. 这是关于费马大定理问题研究中的第二次重大突破.

它不仅打破了自库默尔之后的百余年里，费马大定理的研究工作长期停滞不前的沉寂局面，而且法尔廷斯的结果是对所有亏格 $g \geqslant 2$ 曲线的论断，用到费马曲线上只不过是一个小小的推论而已. 法尔廷斯因此获得了1986年的 **菲尔兹奖** (参看附录).

十一、谷山-志村猜想

法尔廷斯的工作之后又经过十年, 怀尔斯终于登上了费马大定理这座高峰. 与从费马到法尔廷斯等前人不同的是, 最后攻克顶峰的武器, 综合利用了现代数学许多分支的成就, 特别是1950年以来算术代数几何领域中关于椭圆曲线的深刻结果.

在数论中, 人们关心的是椭圆曲线上的有理数点. 在20世纪初期, 数学家就试图用解析的方法来研究椭圆曲线的算术性质. 1925年, 莫德尔得到了一个重要的理论结果: 由椭圆曲线上有限个有理数点通过加法运算就可以得到全部有理数点. 1958—1960年, 英国数学家Birch和Swinnerton-Dyer 构造了椭圆曲线E的L函数$L(E, s)$

$$L(E, s) = \prod_p \frac{1}{1 - a_p p^{-s} + p^{1-2s}} \tag{3}$$

其中$\prod$是求积记号, 记号下面的p表示求积时取遍所有的素数. 他们对函数$L(E, s)$在$s = 1$处的零点与椭圆曲线E上的有理数点之间的关系给出了一个猜想(下面简称BSD猜想).

1954年1月, 两位日本青年数学家谷山丰(Tani-yama, 1927 — 1958) 和志村五郎(Shimura, 1930 —)

因借阅同一本《数学年刊》杂志而相互认识, 并因共同的研究兴趣而成为合作伙伴. 谷山丰发现椭圆曲线与模形式之间存在着某种联系.

图11 谷山丰

图12 志村五郎

所谓"模形式"是一个十分抽象的概念,模形式理论是数论、几何与函数论交叉形成的一个数学分支. 我们在第七节曾提到高斯给出了计算二平方和问题解的个数的公式. 高斯还给出了一个正整数n能否表示成3个整数的平方和(即三平方和问题) 的充分必要条件,拉格朗日由此证明了每个正整数都可以表示成四平方和,所以,也就都可以表示成$k(> 4)$个整数的平方和(注意0是整数). 人们自然会进一步问: 把一个正整数n表示成k平方和究竟可以有多少种方法(记作$N_k(n)$)呢?在研究过程中,人们发现, 将复变量$z = \sigma + it(\sigma, t$是实数,$t > 0$)的函数

$$\theta(z) = \sum_{n=-\infty}^{\infty} e^{2\pi i n^2 z}$$

自乘k次, 就可以得到

$$\theta^k(z) = \sum_{n=0}^{\infty} N_k(n) e^{2\pi i n z},$$

因此可以把计算$N_k(n)$的问题归结为求一个复变函数$\theta^k(z)$的傅里叶展开式的系数. 也就是说,可以通过研究复变函数$\theta^k(z)$的解析特性来解决这一数论中的问题. 20世纪初,德国数学家赫克(Hecke)看出了$\theta^k(z)$所满足的一些关系式的深刻含义,人们由此进一步抽象出了模形式的概念.

复上半平面中的解析函数$f(z)$,如果满足关系式

$$f\left(\frac{az+b}{cz+d}\right) = (cz+d)^k f(z),$$

则称它为对于群Γ的权k模形式, 这里复变量z的虚部
大于零, 而Γ的元素是方阵$\boldsymbol{M} = \begin{pmatrix} a & b \\ c & d \end{pmatrix}$.

由模形式$f(z)$的傅里叶展开式系数a_n构成的
级数

$$L_f(s) = \sum_{n=1}^{\infty} a_n n^{-s}$$

称为模形式$f(z)$的L函数. 赫克在20世纪中期得到了
一种所谓赫克模形式, 它的L函数具有非常好的解析
性质, 可以展开为以下形式的无穷乘积:

$$L_f(s) = \prod_p \frac{1}{1 - a_p p^{-s} + p^{k-1-2s}} \tag{4}$$

赫克证明了: 当k为不小于2的正整数时, 权k模形式
空间一定可以找到一组赫克模形式作为它的基. 这
是模形式理论中的一个漂亮的结果, 但在赫克定理
发现之后的半个世纪里, 谁也没有想到它会引发出
费马大定理的证明.

比较上面的(3)式和(4)式可以发现当$k = 2$时它
们在形式上是完全一致的. 也就是说, 椭圆曲线和
模形式之间可能有一种对应关系.

谷山丰在具体地计算了一个模形式的L函数后,
发现它与一个熟知的椭圆曲线的L函数一致. 他又仔
细地研究了几个不同的模形式, 它们似乎也完美地
对应着某个椭圆曲线. 1955年9月他在东京举行的一
个国际学术会议上介绍了自己的发现, 但宣称这不
过是偶然的巧合. 当时, 人们对谷山的发现都持怀疑
态度, 因为对椭圆曲线的研究可以追溯到古希腊时

代, 而模形式则是在19世纪建立了群的理论之后才被研究. 谷山的同盟者只有志村一人. 他们一起研究, 试图找到更多的证据. 1957年, 志村应邀到普林斯顿高等研究院工作, 原想在工作2 年结束之后与谷山继续研究, 不料谷山于1958年11月17日突然自杀身亡. 此后, 志村孤军奋战. 逐渐增多的证据使愈来愈多的人开始关注这个问题, 并且把它称为谷山–志村猜想.

20世纪数论方面的一位领袖人物, 法国数学家韦伊(Weil, 1906—1998)的关注使这一猜想在西方得到了认可. 韦伊研究了这个问题, 找到了更有力的证据, 并把它进一步精确化.

简单地说, **谷山–志村猜想**就是: **有理数域上的椭圆曲线都可以模形式化**.

谷山–志村猜想虽然还没有被证明, 但人们看到, 只要它是对的, 就可以运用模形式的方法来研究椭圆曲线中的一些多年没有能够解决的问题. 事实上, 在20世纪70年代, 不少数学家在假设谷山–志村猜想成立的前提下, 已得到了很多结果. 但他们也总是提心吊胆, 因为谁能保证不会有一天突然有某个人出来说, 我已经证明这个猜想是错的呢?

十二、弗雷命题和里贝特的突破

当谷山-志村猜想提出时,还没有人想到这个非常抽象的猜想会与费马大定理有什么联系. 但30年后,德国数学家弗雷(G.Frey)指出了二者之间的重要联系.

德国黑森林州中部有一个名叫奥伯沃尔法赫的小城,每年都有几十个数学讨论会在这恬静的、风景优美的地方举行. 1984年秋,一群优秀的数论学家在这里讨论椭圆曲线研究工作的新进展. 弗雷在演讲中说:

假定费马大定理不成立, 即存在一组非零整数 A, B, C 使得 $A^n + B^n = C^n (n > 2)$, 那么用这组数构造出的形如

$$y^2 = x^3 + (A^n - B^n)x^2 - A^n B^n$$

的椭圆曲线(后称"**弗雷曲线**")**不可能被模形式化**. 也就是说, 谷山-志村猜想对这条椭圆曲线不成立.

换句话说, 弗雷的命题与谷山-志村猜想是矛盾的. 因此, **只要能够证明这两个命题都成立**, 那么, 根据反证法就可以知道, 弗雷命题的前提: "费马大定理不成立"这一假定是错误的, 从而**也就证明了费马大定理成立**.

在演讲中弗雷只是说了自己的思路, 所给的证明是不严格的. 专家们也看出了欠缺, 试图弥补, 但未能成功.

图13　里贝特

亲耳听到弗雷演讲的美国数学家、加州大学伯克利分校的肯·里贝特(K. Ribet)教授, 为解决这个问题经过18个月的努力仍无结果. 1986年夏天, 哈佛大学教授巴里·梅祖尔(Barry Mazur)来伯克利访问并参加国际数学家大会. 有一天里贝特与他一道喝咖啡, 谈到自己在研究弗雷命题和采取的一些试验性策略, 说"我已经证明了非常特殊的情形, 但我不知道下一步该做什么将它推广以得到整个证明". 边听边思考的梅祖尔突然怀疑地凝视着里贝特说: "难道你不明白?你已经完成了它!你还需要做的只是加上一些模结构, 然后再做一遍你的论证就行了." 梅祖尔的提醒使里贝特恍然大悟, 他很快便完成了弗雷命题的证明. 里贝特取得了新突破的消息很快在国际数学家大会内外传开.

于是, 证明费马大定理的希望便集中在证明谷山-志村猜想上了. 但自这个猜想提出30年来, 许多数学家试图证明它的努力都失败了. 而且不少人更是认为证明这个猜想根本就不会有希望, 因为他们本来就认为证明费马大定理是不可能的. 甚至连作出了突破性工作的里贝特也很悲观, 他后来回忆说: "绝大多数人相信谷山-志村猜想是完全无法接近的, 我是其中的一个. 我没有真的费神去试图证明它, 我甚至没有想到过要去试一下. 安德鲁·怀尔斯大概是地球上敢大胆梦想可以实际上证明这个猜想的极少数几个人之一."

正是怀尔斯走完了这最后的一步. 但为了走完这一步, 从1986年起, 怀尔斯经历了整整8年的艰苦历程.

十三、怀尔斯历尽艰辛
有志事成

图14 怀尔斯

童年时的梦想

安德鲁·怀尔斯(A.Wiles, 1953—)1953年生于英国剑桥. 1963 年的一天, 怀尔斯在从学校步行回家的途中, 到他常去的位于弥尔顿路上的图书馆看书. 他看到了贝尔写的一本关于费马大定理的书The Last Problem, 30年后他回忆当时的感受说, **"它看上**

去如此简单，但历史上所有的大数学家都未能解决它．这里正摆着一个我——一个10岁的孩子——能理解的问题，从那时刻起，我知道我永远不会放弃它，我必须解决它．""我发现了这个历时三百多年还未能解决的问题．我想到我的许多校友并不热衷于数学，所以我不去与我的同龄人讨论这个问题，但我有一个老师，他曾研究过数学，他给了我一本数论方面的书．这本书为我如何着手解决这个问题提供了一些线索．我假定费马懂得的数学并不比我已经懂得的多很多，根据这个假定我开始工作．我尝试使用他可能用过的方法来找出他的遗失了的解法．"

尽管他充满热情，每一次的计算却总以失败告终．他绞尽脑汁，翻遍了他的教科书，却依然一无所获．经受了一年的失败之后，他改变了策略，他拿定主意认为他也许能够从那些更为高明的数学家的错误中学到一些有用的东西．

"费马大定理有这么难以置信的传奇性经历，许多人都思考过它，而且过去试图解决这个问题并失败了的大数学家越多，它的挑战性就越大，它的神秘色彩就越浓．在18世纪和19世纪中，许多数学家用过如此多的不同方法试图解决它，所以，作为一个十几岁的少年，我决定我应该研究那些方法，并且设法理解他们一直在做的那些工作．"

年轻的怀尔斯仔细研究了每一个曾经认真地试图证明费马大定理的人所用的方法．他从研究历史上最富有创造力并在对费马的挑战中首先取得突破的数学家的工作着手，他研究得愈多，对问题难度的认识也愈来愈深，他也愈感到自己需要学习更多的数学知识.

坚实的基础

1974年怀尔斯于剑桥大学莫尔顿学院毕业，后继续在剑桥大学克莱尔学院攻读博士学位，导师是澳大利亚人约翰·科茨(J. Coates). 他暂时放弃了自己的梦想. 后来他回忆说："**当我来到剑桥时，我真正地把费马搁在一边了. 这不是我忘了它——它总在我心头——而是我认识到我们所掌握的用来攻克它的全部技术已经反复用了130年，这些技术似乎没有真正地触及问题的根本所在. 研究费马可能带来的问题是，你可能会虚度岁月而一无所成. 只要研究某个问题时能在研究过程中产生出使人感兴趣的数学，那么研究它就是值得的——即使你最终也没有解决它. 判断一个数学问题是否是好的，其标准就是看它能否产生新的数学，而不是问题本身.**"

怀尔斯在读博的3年内，按照导师科茨教授的意见认真地研究了椭圆曲线的领域，并取得了出色的成绩. 1977年，他与科茨发表了我们在第十一节提到的关于椭圆曲线的BSD猜想的突破性结果.

1977—1980年，他在美国哈佛大学做助理教授. 1981年在普林斯顿高等研究院任研究员，在这期间，他与哈佛大学的梅祖尔合作证明了有理数域上的岩泽健吉主猜想(这是分圆域理论的一个重要猜想). 1982年任美国普林斯顿大学教授，

1984年起任该校讲座教授. 1988—1990 年他还兼任牛津大学皇家协会研究教授. 怀尔斯从24岁起, 就一直在世界上这些声誉卓著的大学和研究所工作, 在模形式、分圆域理论和椭圆曲线方面, 他是数学界公认的最优秀的专家之一.

虽然怀尔斯也曾一度认为费马大定理或许只是一个孤立的难题, 但1986年夏末的一个傍晚, 他在一个朋友的家中饮茶谈话间, 朋友随意地告诉他, 肯·里贝特已经证明了谷山-志村猜想与费马大定理之间的联系. 他受到了极大的震动. 因为这意味着为了证明费马大定理, 必须做的一切就只是证明谷山-志村猜想. 这使他看到了彻底解决问题、实现童年梦想的希望. 他下定决心, 全身心地、不声不响地投入到谷山-志村猜想的证明之中, 向着顶峰冲击. 虽然椭圆曲线是他读博士时专攻的方向, 但向顶峰前进的每一步都是十分艰难的.

一年半的精心准备

人们注意到, 数学大师希尔伯特(Hilbert)1900 年在巴黎国际数学家大会上提出的著名的23个数学问题中, 没有关于费马大定理的问题. 有人曾经问他, 为什么他不去尝试证明费马大定理?他回答说: "在开始着手之前, 我必须花3年的时间作深入细致的研究. 而我没有那么多时间去浪费在一件可能会失败的事情上."

当时大多数其他数学家, 包括怀尔斯的导师科茨也认为:"我自己对于这个存在于费马大定理与谷山-志村猜想之间的美妙的链环能否实际产生有用的东西持悲观态度,因为我必须承认我不认为谷山-志村猜想是容易证明的. 虽然问题很美妙,但真正地证明它似乎是不可能的. 我必须承认我认为在我有生之年大概是不可能看到它被证明的."

怀尔斯也意识到他的机会不大,但他认为即使最终没能证明费马大定理,他的努力也不会白费:"**当然,已经很多年了,谷山-志村猜想一直没有被解决. 没有人对怎样处理它有任何想法,但是至少它属于数学中的主流. 我可以试一下并证明一些结果,即使它们并未解决整个问题,它们也会是有价值的数学. 我不认为我在浪费自己的时间. 这样,吸引了我一生的费马的传奇故事现在和一个专业上有用的问题结合起来了.**"

怀尔斯清楚地知道,为了找到证明,他必须全身心地投入. 他用了一年半的时间,阅读了所有的最新杂志,熟悉以前曾被用于椭圆曲线或模形式的、以及由它们导出的全部数学工具,熟练地掌握了所有的技巧和方法.

怀尔斯除了继续参加研讨班,给大学生上课和指导研究生外,放弃了所有与证明费马大定理无直接关系的研究工作,不再参加没完没了的学术会议和报告会,尽量回避那些可能使自己分心的事而回到家里工作."我习惯于到楼上我的书房去,着手尝试寻找一些模式. 我设法做一些计算来解释某一小段数学,设法使它符合某些以前对某部分数学的泛泛的概念性理解，这有助于澄清我正在思考的具体问题．有时候还得去书上查找，以便弄明白在那里它是怎么完成的．有时它只是做一点补充计算，进行一点修改的问题，而有时候我发觉以前所做的事情根本都是没用的，于是我就必须找出一些全新的东西．""特别是当你真的进入死胡同的时候，当有一个真正的问题需要你去征服的时候，那种循规蹈矩的数学思维对你来说毫无用处．导致那一类新的想法必须经过长时间的对那个问题的极其专注的思考，不能有任何分心．这之后似乎有一段松弛期，在这期间潜意识出现，占据了你的脑海．正是在这段期间，某种新见解冒出来了．"

现代数学已经发展成为一种合作、开放性的文化，正如里贝特所说："在我们这个团体中，人们总是分享他们的想法．数学家们在会议上聚在一起，彼此互访并作报告，他们互相传送电子邮件，电话交谈，征求对方的看法，寻求反馈——数学家们总是在交流．当你对别人说话时，你会得到鼓励；人们会告诉你哪些你已完成的工作是重要的，他们给你各种想法．这有点像补充营养．"但怀尔斯的研究却是完全独立和保密地进行的．他说："其实一开始的时候，我还是告诉了一些同事，但他们知道后，一见到我就不断地问我进展情况，使我感到很大的压力和干扰．所以我觉得还是不要讲出来更好一些．我意识到，要解决这个问题，需要很长很长的时间．在这个过程中不断被人问及，要承受的压力是很大的．就像一个孩子，成长的过程中，如果老是被人问多大了，几岁了，

成长中有什么问题?那是很难堪的."	"我意识到与
费马大定理有关的任何事情都会引起太多人的兴趣.
你确实不可能很多年都使自己精力集中,除非你的
专心不被他人分散,而这一点会因旁观者太多而做
不到."

在随后的几年中,怀尔斯取得了一系列进展,但
在证明完成之前,他没有与人讨论或发表过其中的
任何一个结果.为了使同事们无从觉察和不致怀疑,
怀尔斯把他在前几年研究特殊类型椭圆曲线的一些
成果,每隔6个月左右发表一点,使他的同事们以为
他仍然在继续他平常的研究.甚至约翰·科茨对怀
尔斯正在做的工作也毫不知情:"我记得在许多场合
对他讲过,'与费马大定理的这种联系确实是非常好
的,但是要想证明谷山–志村猜想仍然是毫无希望的.'
而他当时只是对我笑笑."

唯一知道怀尔斯的秘密的人是他的妻子内
达(Nada).在怀尔斯开始着手这个证明后不久他
们就结婚了.当演算取得进展时,他就向她并且
只向她一个人透露.在此后的几年中,他的家庭
算是唯一使他分心的事."我的妻子是唯一知道
我一直在从事费马问题研究的人,度蜜月时我
告诉了她,那时我们结婚才几天.我的妻子也听
说过费马大定理,不过那个时候她一点也不知
道它对于数学家所具有的那种传奇式意义,不
知道它在这么长的岁月中一直是不断使人苦恼
的事."

选准突破口，一年迈一步

证明谷山-志村猜想的困难在于椭圆曲线和模形式都有无穷多个，如何去寻求无穷多个椭圆曲线和无穷多个模形式之间的关系？经过一年的仔细思考，怀尔斯决定用数学归纳法.

所谓数学归纳法是说，如果我们第一步能够证明一个命题当 $n = 1$ 时成立，而且第二步还能证明：只要这个命题当 $n = k$ 时成立，则当 $n = k + 1$ 时该命题也成立，那么我们就可以断言这个命题对每一个正整数 n 都成立. 因此数学归纳法是用有限的"两步"来解决"无穷多个"问题的一个有力武器.

要用数学归纳法证明谷山-志村猜想，先要设法将椭圆曲线和模形式"排队"，并证明当 $n = 1$ 时猜想成立.

从椭圆曲线可以导出一个数的序列，我们把它形象地称为E序列(E为"椭圆的"一词elliptic的第一个字母). E序列包含着椭圆曲线的本质要素，就像生物中的DNA.

各个模形式之间的差别在于它们所包含的要素的量不同. 模形式的要素也可以形成一个数的序列，我们把它形象地称为M序列(M是"模的"一词modular 的第一个字母). M序列则相当于模形式的DNA.

有些数学家也曾尝试过先证明某一个椭圆曲线的E序列可以和一个模形式的M序列相配，但在余下来的无穷多个椭圆曲线中, 究竟以什么标准、选哪一个作为下一个考虑对象呢?怀尔斯与他人不同的是, 他直接考虑所有的E序列和M序列, 设法证明每个E序列中的第一个元素可以和M序列中的第一个元素配对, 然后再转到下一个元素. 当然, 这就需要采取与众不同的新的方法.

这个新方法是**伽罗瓦表示**. 伽罗瓦(É. Galois, 1811—1832)能够得到代数方程根式可解的充分必要条件, 关键是引进了**伽罗瓦群**, 怀尔斯将这一思想应用到椭圆曲线, 成功地取得突破, 走出了至关重要的第一步. 他证明了每个椭圆曲线方程的一小部分解可以用来构成一个群. 进而证明了:

每一个E序列的第一个元素可以和一个M序列的第一个元素相配对.

接着就是要进一步证明数学归纳法要求的第二步, 也是最关键的一步.

关键第二步, 两年无进展

关键的第二步, 是要找到一个方法来证明:

如果E序列的任一个元素和该M序列的对应元素配对, 那么下一个元素必定也可以配对.

但要走完这一步却遇到了难以想象的困难.

怀尔斯用穿越一幢从未经过的漆黑的大厦来描述他的感受: "设想你进入大厦的第一个房间, 里面很黑, 一片漆黑. 你在家具之间跌跌撞撞, 但是逐渐你搞清楚了每一件家具所在的位置. 最后, 经过6个月或再多一些的时间, 你找到了电灯开关, 打开了灯. 突然整个房间充满光明, 你能确切地明白你在何处. 然后, 你又进入下一个房间, 又在黑暗中摸索了6个月. 因此, 每一次这样的突破, 尽管有时候只是一瞬间的事, 有时候要一两天的时间, 但它们实际上是这之前的许多个月里在黑暗中跌跌撞撞的最终结果, 没有前面的这一切它们是不可能出现的."

1990年的怀尔斯, 发现自己似乎正处于未知大厦中最黑暗的一个房间里. 差不多2年过去了, 仍然毫无进展, 文献中的各种方法和技巧都解决不了问题. 但是怀尔斯毫不气馁, 他说: "我就是喜欢研究这个问题, 我被迷住了. 我乐意用我的智慧与它相斗. 此外, 我一直认为我正在思考的这种数学, 即使它不是有力到足以证明谷山–志村猜想, 因此也不能证明费马大定理, 但是总会证明某些别的东西. 我并不是在走向一个偏僻的小胡同, 它肯定是一种好的数学, 这一直是真的. 确实有可能我将永远证明不了费马大定理, 但是决不存在我完全在浪费我的时间这样的问题."

就在怀尔斯全身心地投入这个问题的研究期间, 发生过一件令他大吃一惊的事情. 1988年3月8日,《华盛顿邮报》和《纽约时报》头版报道东京大学38岁的宫冈洋一(Yoichi Miyaoka)已经发现了这个世界头号难题的解法. 当时宫冈并未发表他的证明, 只是3月7日在波恩的马克斯·普朗克数学研究所的一次报告会上, 描述了他怎样从一个全新的角度出发来处理这个问题的, 即证明了微分几何中的一个不等式, 进而可以由此推出费马大定理. 报道说: "宫冈的证明非常令人兴奋, 某些人感到有很大可能它是行得通的. 它仍然未被肯定, 但到目前为止看上去很顺利." 两周后, 宫冈公布了关于这个不等式的5页纸的证明, 世界各地的微分几何学家和数论学家仔细检查了他的证明, 很快发现了漏洞. 两周后, 法尔廷斯明确指出了证明中的错误, 一批数论学家试图帮助宫冈补救, 但两个月后人们认识到补救的难度不亚于证明费马大定理本身. 不久报界更正说这个300多年的谜仍未解开. 怀尔斯只是虚惊了一场.

运用新方法, 柳暗而花明

1990年, 怀尔斯开始研究并改进他读博士期间曾经学过的关于椭圆曲线的**岩泽(Iwasawa)理论**, 一度似乎取得了进展, 但一年后归于失败. 他意识到, 既然所有已知的文献都不能解决问题, 自己应当了解新情况, 汲取新营养.

1991年夏天, 他到波士顿参加一个关于椭圆曲线的重要学术会议. 会议期间, 他以前的导师科茨告诉他有一位学生弗莱切(M. Flach)正在用苏联数学家科利瓦金 (Kolyvagin) 的方法研究椭圆曲线.

回到普林斯顿后, 他花几个月时间熟悉了这一新方法, 然后开始改造和使用它. 不久, 他对一种特殊的椭圆曲线, 运用这一方法成功地完成了归纳证明. 但是, 这个方法对一种特殊的椭圆曲线行得通不等于说对别的椭圆曲线也行得通. 进一步的研究使他发现, 所有的椭圆曲线可以分类为不同的族, 一旦科利瓦金-弗莱切方法经修改后对某个椭圆曲线奏效, 它就对那一族中其他所有的椭圆曲线都奏效. 问题是要进一步改造**科利瓦金-弗莱切方法**, 使得它对每一族都能奏效. 虽然对有些族的研究更难, 但他坚信可以一个接一个地把它们解决.

经过6年的艰苦努力, 怀尔斯终于看到了胜利的曙光. 每个星期他都有进展, 证明了更新、更大族的椭圆曲线都是可模形式化的. 看来做完那些尚未解决的椭圆曲线只是个时间问题. 但就是在证明的最后阶段, 作为一个特别严谨的数学家, 怀尔斯感到他必须请同行专家来帮助审查自己所用的方法是否完全无误. 他回忆说: "那一年我工作得异常努力, 试图使科利瓦金-弗莱切方法能成功, 但是它涉及许多复杂的我并不真正熟悉的方法. 其中有许多很艰深的代数, 需要我去学许多新的数学. 于是, 大约在1993年1月份的上半月, 我决定有必要向一个人吐露秘密, 而他应该是一位我正在使用的那一类几何方法方面的专家. 我需要非常小心地挑选这个我要告知秘密的人, 因为他必须保守住秘密. 我选择了向尼克·凯兹(Nick Katz)吐露秘密."

凯兹教授是怀尔斯在普林斯顿大学数学系的同事, 一位资深的代数几何和数论专家. 他回忆当时的情景说: "有一天怀尔斯在饮茶休息时走到我身边, 问我是否能一起到他的办公室去——他有些事想和我谈谈. 我一点也不知道他会和我谈什么. 我和他一起到了他的办公室，他关上了门。他说他认为他将能够证明谷山–志村猜想。我大吃一惊，目瞪口呆——这真是异想天开。他解释说证明中有一大部分是依靠他对弗莱切和科利瓦金的工作所作的扩展，但是它是非常专门性的。他对证明中这一高度专门性的部分确实感到没有把握。他想和某个人一起讨论这一部分，因为他需要保证它是正确的。他认为我是帮助他核对的正确人选，但是我认为他为什么特别选中我还有另一个原因。他相信我会守口如瓶，不会告诉别人有关这个证明的事。"

凯兹感到"安德鲁必须解释的内容既多又长，要想在他的办公室里通过非正式谈话解释清楚是不可能的。对于像这样的大事情，我们确实需要以正式的每周定时的讲座方式来进行，否则事情会搞糟的。"

于是，怀尔斯给系里研究生开了一个名为"椭圆曲线的计算"的系列讲座，凯兹也是听众之一。课程包括需要核对的证明，但研究生们并不知道这一点。这样就既让怀尔斯一步一步地解释了每一个细节，又没有引起其他人的任何怀疑。

怀尔斯的讲座从一开始就进入了计算，面对这样一种非常难懂且冗长乏味的计算，不知道这种计算真正目的的研究生们一个接一个地离开了，几个星期后，听众席上就只剩下了凯兹一个人。听到最后，他对怀尔斯说，科利瓦金–弗莱切方法似乎是完全可行的。

看来大功即将告成。系列讲座一结束，怀尔斯就作最后的冲刺。他成功地将科利瓦金–弗莱切方法应用于一族又一族的椭圆曲线，最后就只剩下一族了.他回忆说："5月末的一个早晨，内达和孩子们一起出去了，我坐在书桌旁思考着这剩下的一族椭圆曲线.我随意地看一下巴里·梅祖尔的一篇论文，恰好其中有一句话引起了我的注意.它提到一个19世纪的构造，我突然意识到我应该能够使用这个结构来使科利瓦金-弗莱切方法也适用于这最后的一族椭圆曲线.我一直工作到下午，忘记了下去吃午饭.到了大约下午三四点钟的时候，我真正地确信这将解决最后剩下的问题.当时已到饮茶休息的时候，我走下楼去，内达非常惊奇我来得这么迟.我告诉她——我已经解决了费马大定理."

轰动世界的学术报告

安德鲁·怀尔斯本来想进一步地核对一下证明，但是6月末在剑桥有一个学术会议，他想这也许是宣布这个证明的好地方，因为剑桥是自己的家乡，也是他读研究生的地方.

这个名为"L函数和算术"的学术会议在剑桥大学牛顿研究所举行.组织者之一是怀尔斯的博士导师科茨.后来他回忆说："我们聚集了来自世界各地的对这个广泛的问题作研究的人，当然，安德鲁也是我们邀请的人之一.我们安排了一个星期的集中性演讲，因为有许多人要求作演讲，所以我们本来只给安德鲁作两次演讲的时间.但是后来我了解到他需要第三次演讲时间.因此，事实上我放弃了我自己的演讲时间安排给他作第三次演讲. 我知道他有某个大结果要宣布, 但是我不知道它是什么……我问他: '安德鲁, 你究竟证明了什么? 我们要不要告诉新闻界?' 安德鲁只是微微地摇了下头, 依然紧闭他的双唇. 他确实在为高度戏剧性的场面作准备."

当怀尔斯到达剑桥时, 距离他的演讲还有两个半星期. 他想需要和一两位专家一起来核对一下这个证明, 尤其是科利瓦金-弗莱切的那部分. 他把证明交给梅祖尔教授, 说: "我这里有一篇证明某一个定理的手稿." 梅祖尔看上去非常困惑, 他浏览了一下, 似乎愣住了. "我告诉他我希望在会议上讲到它, 并且我真的想要他设法核对一下."

虽然严格保密, 但有关在这次演讲会上将会以解决费马大定理而达到高潮的谣传, 已在剑桥并通过因特网在数学界传播. 怀尔斯仍然不动声色, "人们想把话题引向我的演讲, 他们要问我的恰恰是我准备要讲的那些东西, 因此我说, 好, 来听我的演讲吧, 一切都会明白的."

1993年6月21日到23日, 怀尔斯在剑桥大学牛顿数学研究所以"**模形式、椭圆曲线与伽罗瓦表示**"为题分三次作了演讲.

他的第一次演讲是一般性的, 目的是为在后面两次演讲中证明谷山-志村猜想作准备. 大部分听众对这个演讲的重要性并不理解, 对细节也很少注意. 但那些知道一点内情的人则寻找着有可能使谣传可信的哪怕是极其细微的线索.

在第一次演讲结束后, 各种猜测更多了, 因此第二次演讲的听众大量增加. 怀尔斯讲了过渡性的演算, 这些演算十分明确地表明他的意图是要解决谷山-志村猜想, 但是听众仍然搞不清楚他是否已经做到足以证明它并从而征服费马大定理.

6月23日, 怀尔斯作了他的第三次演讲. 对促成他的证明作出过贡献的数学家, 如梅祖尔、里贝特、科利瓦金等人都在现场. 费马大定理可能已经被证明的谣传使得剑桥数学界的每一个人都来听这最后一次演讲. 运气好的挤进了演讲厅, 其他人只能在走廊里, 踮起脚透过窗子往里凝视. 里贝特回忆当时的情景: "我到得比较早, 和巴里·梅祖尔一起坐在前排. 我带着照相机以便记录这个重大事件. 当时的气氛充满了激情, 人们非常兴奋. 大家肯定都意识到我们正在参与一个历史性的事件. 在演讲之前和演讲过程中人们的脸上都绽露着笑容. 经过这几天, 气氛已逐渐紧张起来. 现在, 美妙的时刻即将到来, 我们正在走向费马大定理的证明." 梅祖尔已经得到怀尔斯给的一份这个证明的复印件, 但即使这样, 他也依然对这个演讲感到惊讶: "我从未见过如此辉煌的演讲, 充满了如此奇妙的思想, 具有如此戏剧性的紧张, 准备得如此之好."

怀尔斯回想当时的气氛: "虽然新闻界已经听到些有关演讲的风声, 很幸运他们没有来听演讲. 但是听众中有许多人拍摄了演讲结束时的镜头, 研究所所长肯定事先就准备了一瓶香槟酒. 当我宣读证明时, 会场上保持着特别庄重的寂静, 然后当我写完费马大定理这个命题时, 我说: '我想我就在这里结束',接着会场上爆发出一阵持久的掌声."

里贝特回忆说,当时"人们彼此对望着,喊道,'我的天哪!要知道我们刚才亲眼目睹了一个多么伟大的事件.'然后,人们对证明的技术细节以及它对其他方程可能的应用问了一些问题,接着又是一阵寂静,之后,突然爆发出第二轮的掌声.下一位报告人是一个名叫肯·里贝特的人,就是鄙人.我作了演讲,人们作了笔记,鼓了掌,可是在场的每一个人,包括我自己,对我在演讲中讲了些什么都没有丝毫的印象."

怀尔斯的主要结果是证明了:**对有理数域上所有"半稳定"的椭圆曲线谷山–志村猜想成立,而弗雷曲线恰好属于这一大类曲线.因此他的结果实际上是证明了费马大定理.**

图15　1993年6月23日怀尔斯在牛顿研究所演讲

传颂这特大喜讯的电子邮件在全球飞驰;牛顿研究所被淹没在一批批来访记者的提问、解释和照相机的闪光之中;希望采访"本世纪最杰出的数学家"的约请不断;《世界报》在头版报道:"费马大定理获得解决";《卫报》称"数论因数学的最后之谜而看涨";《纽约时报》以"终于欢呼'我发现了!',久远的数学之谜获解"作为头版报道的标题.各地的记者纷纷向数学家们请教,希望他们对谷山-志村猜想和这个复杂的数学证明作点说明或解释.

自宫冈洋一在1988年宣布他的所谓证明以来,这是数学家第一次占据头条新闻,而且这一次的报道量要比上一次多得多,也没有人表示对此证明有所怀疑.一夜之间,怀尔斯成了世界名人,《人物》杂志(People)将他与戴安娜王妃、克林顿总统和夫人等一起列为"本年度25位最具魅力的人物"之一,甚至国际"G.A.P."牛仔裤公司邀请这位温文尔雅的天才能为他们的新系列男装做广告.1993年7月28日,美国数学科学研究所在旧金山市向公众介绍费马大定理的解决情况.1000个座位的科学大厅,5美元一张的门票销售一空,门外还有数百人不能进场,有人甚至把门票炒到了一张25美元.

发现了严重缺陷

与媒体和公众的热情适成对照的是,认真审核这个证明的工作也在悄悄地进行.虽然怀尔斯在牛顿研究所的演讲已经向世界提供了他的论证纲要,但这不能作为正式的审查.怀尔斯将他的手稿投交到德国《数学创造》(Inventiones Mathmaticae)杂志.由于怀尔斯的论文涉及多个数学分支和大量的数学工具, 加上这篇长达200页的论文的头等重要性, 杂志编辑梅祖尔决定不像通常那样只指定2个或3个审稿人, 而是将论文分成为6章, 由6个审稿人分别负责审查其中的一章.

第3章由凯兹负责审查. 年初他在普林斯顿听怀尔斯的系列讲座时, 曾经帮助核查过证明中的这一部分. 凯兹夏天在巴黎高等科学研究所工作, "我把全部200页证明都带在身边——我负责的那一章有70页长. 当我到达那里(巴黎)时, 我认为我有必要得到认真的技术上的帮助. 于是在我的坚持之下, 当时也在巴黎的吕克·伊卢齐(Luc Illusie)成了这一章的合作审稿人. 在那个夏季里我们每周碰头几次, 基本上是互相讲解, 设法弄懂这一章. 确切地说, 我们只是逐行审阅原稿, 想办法确保不存在错误. 有时候有些东西我们搞不清楚, 所以每天, 有时是一天两次, 我会发电子邮件告诉安德鲁某个问题——我不理解你这一页上讲的东西, 或者这一行似乎是错的等等. 通常我同一天或隔一天会得到澄清这件事的回答, 然后我们就继续下一个问题."

怀尔斯那时已经回到普林斯顿, 他焦急地等待着审稿的结论. "在我的论文完全不用我操心之前, 我不会尽兴地庆祝. 在此期间我中断了我的工作, 以处理审稿人在电子邮件中提出的问题. 我仍然很自信这些问题不会给我造成很大的麻烦."

"在8月之前, 这些问题一直都是比较容易解决的," 凯兹回忆说, "直到我碰到一个似乎仅仅是又一个小问题的东西. 大约是8月23日左右, 我发电子邮件给安德鲁, 但是这次的问题稍微复杂一点, 所以他给我发回一个传真. 但是这份传真似乎没有回答问题, 所以我又发电子邮件给他. 我接到另一份传真, 不过我仍然不满意."

怀尔斯认为这个错误就像所有别的错误一样浅显简单, 但是凯兹的执著态度迫使他认真地加以考虑. "我无法立即解答这个看上去非常幼稚的问题. 初看之下, 它似乎与别的问题属于同一级别的难度, 但是后来到了9月份的某个时候, 我开始认识到这完全不是一个无足轻重的困难, 而是一个重大的缺陷. 它是在与科利瓦金–弗莱切方法有关的论证的关键部分中的一个错误, 但是它是如此的微妙以致在这之前我完全忽略了它. 这个错误很抽象, 无法用简单的术语真实地描述它, 即使是向一个数学家作解释, 也需要这个数学家花两三个月时间详细地研究那部分原稿."

问题出在论文中关于欧拉系的构造有严重的缺陷, 而这与科利瓦金–弗莱切方法有关. 原始的科利瓦金–弗莱切方法只在有特殊限制的情形下有效, 但怀尔斯相信自己已经将它改造并加强到足以满足证明中的所有需要. 但在凯兹看来, 情况并不像怀尔斯原来设想的那样可以保证这个方法在任何情况下都一定行得通.

这个缺陷虽然并不意味着怀尔斯的工作一定无法补救, 但它要求怀尔斯必须完善他的证明. 这对当时的怀尔斯的压力实在是太大了.

就在几个星期以前, 全球的报刊还把怀尔斯誉为当今世界上最杰出的数学家, 现在他却面临着必须承认犯了大错的羞辱. 他理所当然地决定先集中精力填补这个缺陷. "我仍然相信科利瓦金–弗莱切方法只需要一点儿调整. 我只需要小规模地修改它, 它就会很好地起作用. 我决定直接回到我过去的状态, 完全与外面的世界隔绝. 我必须重新聚精会神起来, 不过这一次是在困难得多的情形下. 在相当长的一段时间中, 我认为补救办法可能就在近旁, 我只是忘记了某件简单的事, 也许第二天一切都会完美的. 当然事情并没有像那样发生, 相反随着时间的推移问题似乎变得越来越棘手."

除了很少的一组审稿人外, 还没有人看到过这篇论文, 所以数学家们一直在等待着, 但是, 秋天来临了, 稿件审查仍未通过, 人们在问: 为什么我们没有他的任何消息?以后, 情况变得更糟, 关于证明有问题的议论开始流传. 而怀尔斯和审稿人既没有承认证明有缺陷, 又拒绝评论, 外界的猜测开始变得放肆起来. 在失望之中, 数学家们开始互相发送电子邮件, 希望得到一点内部消息.

在这个时候, 怀尔斯尽力不理睬争论和推测, 也不接受世界各地雪片般飞来的演讲邀请. "我真的把自己关闭起来, 因为我不想知道人们在说我什么. 我只是想隐居起来, 但是我的同事彼得·萨纳克会不时地对我说: '你不知道外面正在刮风暴吗?'我听着, 但是就我自己来说, 我确实需要完全地与世隔绝, 只将精力全部集中于那个问题." 萨纳克是怀尔斯的好朋友, 他们同时进入普林斯顿大学数学系工作, 在这段紧张不安的日子里, 萨纳克是怀尔斯信任的几个人中的一个. 他后来回忆说: "我从未知道过确切的细节, 但是有一点是清楚的, 即他正在想法解决这一严重的问题. 但是每次他修改了计算中的这一部分, 它就会引起证明中其他部分的某种别的困难."

最后, 怀尔斯认识到他不能永远保持沉默. 解决这个错误的办法并不是唾手可得的, 现在是结束种种推测的时候了. 经过一个凄凉失败的秋季后, 他给数学信息公告栏发了下面的电子邮件:

标题: 费马状况

日期: 格林尼治标准时1993年12月4日1点36分50秒

鉴于存在着对我关于谷山–志村猜想和费马大定理的工作状况的种种推测, 我将对此作一简要说明. 在审稿过程中, 发现了一些问题, 绝大多数已经解决了, 但是, 其中一个特别的问题我还没有解决. 将谷山–志村猜想归结为计算塞尔默群(Selmer group)的计算(在绝大多数情形)这一关键想法没有错. 然而, 对半稳定情形(即与模形式相适应的对称平方表示的情形)塞尔默群的精确上界的计算还未完成. 我相信在不久的将来我将用我在剑桥演讲时说的想法解决这个问题.

由于手稿中还留下很多工作要做, 因此现在作为预印本公开是不适当的. 2月份开始我在普林斯顿上课, 在课上我将对这个工作给出一个充分的说明.

安德鲁·怀尔斯

但很少有人对怀尔斯的乐观抱有信心. 差不多6个月过去了, 错误仍未改正, 有什么理由可以认为在未来的6个月中事情会有什么变化呢? 如果他真的能够"在不久的将来完成这项工作", 那么为什么要费心发这个电子邮件? 为什么不再保持几个星期的沉默然后交出完整的论文呢?

而且, 怀尔斯在电子邮件里提到的2月份的课程中并没有给出他所允诺的任何细节. 数学界怀疑他可能只是在设法为自己争取更多的时间.

报刊再一次对这件事大做文章, 这使数学家们回想起1988年宫冈失败的证明, 历史似乎正在重演. 300多年来, 在一个个尝试过的对费马大定理的证明中, 还没有一个人能够补救出现的漏洞. 数论家们心想, 怀尔斯的下一份电子邮件或许就是解释为什么证明的缺陷是无法挽救的. 而少数早在夏季就对证明表示过怀疑的数学家, 则感到他们的悲观似乎已被证明是对的了.

多年的秘密探索给怀尔斯带来的愉悦、激动和希望被烦恼和失望替代. 他回忆当时的心情说, 他童年的梦想已经变成一场恶梦: "在我从事这个问题的研究的头7年中, 我很喜欢这种暗中进行的战斗. 不管它曾是多么的艰难, 不管它看上去是怎样的不可逾越, 我与我心爱的问题密不可分. 它是我童年时代的恋情, 我决不能放下它, 我一刻也不想离开它. 后来我公开地谈论它, 在谈论它时确实有某种失落感. 这是一种非常复杂的感情. 看到其他人对证明作出反应, 看到这些论证可能改变整个数学的方向, 真是美妙极了，但是与此同时我却失去了我个人的追求．现在它已向世界公开，我已不再拥有我一直在编织着的个人的梦想．然后，在它出了问题以后，就有几十、几百、几千的人要使我分心．以那种过分暴露的方式做数学肯定不是我擅长的，我一点也不喜欢这种非常公开的做事方式．"

里贝特在8年前也经历过同样的恶梦，当时他试图证明谷山-志村猜想和费马大定理之间的联系，"我在伯克利的数学科学研究所作了一个关于这个证明的演讲，听众中有人说，'嗯，等一下，你怎么知道这样那样是正确的?'我马上答复并讲出我的理由，而他们说，'那并不适合现在这个情形．'我顿时感到一阵恐慌，似乎感到有点出汗．我对此非常心烦意乱．然后我意识到只有一种做法有可能说明它是正确的，那就是返回到这个论题的基础工作，搞清楚它在类似的情形中是怎样完成的．我查询了有关的论文并弄清楚这个方法的确真的适用于我的情形．在一两天中我把所有的东西都搞好了，在我下一次演讲时我已能够讲出它成立的理由．尽管如此，你总是会担心：如果你宣布某个重要的结果，可能会被发现有基本的错误．""当你发现原稿中有一个错误时，局势可能会以两种方式发展．有时候，大家会很快相信没有多大困难证明就可以重新改正；而有的时候情况会截然相反．这是非常令人不安的．当你认识到自己犯了一个基本的错误并且没有办法补救它时，会有一种往下沉没的感觉．当一个漏洞变大时，很可能定理真的就彻底地崩溃了，因为你越是想补上它，你遇到的麻烦就越多. 但是从怀尔斯的情形来看, 他的证明中的每一章本身就是很有意义的论文. 这份手稿包括了7年的工作, 它基本上是几篇重要的论文组合而成的, 这些论文中的每一篇都有大量的成果. 错误出现在其中一篇, 即第3章中, 但是即使你去掉第3章, 剩下的部分仍然是绝对优秀的."

里贝特1993年在辛辛那提召开的数学会议上作演讲, 介绍怀尔斯工作的意义和发现问题时, 他指出: 在怀尔斯的工作之前, 谷山-志村猜想看起来是一个完全达不到的目标. 而怀尔斯把一个给定的椭圆曲线的谷山-志村猜想归结为一个数值不等式, 这是震动整个数学界的大功绩. 他还说: 每个椭圆曲线有一个"j-不变量", 这是一个有理数, 由曲线的定义方程很容易算出来. 每个有理数都是某个椭圆曲线的"j-不变量". 两个椭圆曲线有相同的j-不变量当且仅当两者作为黎曼曲面是相同的. 而一个椭圆曲线能否模形式化取决于它的j-不变量. 直到今年6月以前, 人们只知道有限多个有理数是可以模形式化的椭圆曲线的j-不变量, 怀尔斯在剑桥的第一个报告中, 宣布他能够对一类椭圆曲线证明谷山-志村猜想, 而这类椭圆曲线的j-不变量构成一个无限集合. 在他最后的一次报告中, 宣布了能够对第二类椭圆曲线证明谷山-志村猜想, 由于第二类中包含了弗雷曲线, 怀尔斯在第一类曲线中的成功被人们在征服费马问题的兴奋中忘得一干二净. 但怀尔斯关于费马问题的证明出现的漏洞仅仅影响了第二类曲线, 并不影响第一类曲线.

但是，没有了怀尔斯论文的第3章就没有了对费马大定理的证明. 数学界有一种受挫的感觉，要求把事情进一步公开的呼声也日益增长，人们寄托的希望是，或许有人会看清楚怀尔斯所缺少的某些东西，从而修补好证明中的缺陷. 还有些数学家声称，这个证明太有价值了，因此不应该只保存在一个人的手中.

但怀尔斯不顾外界的压力，拒绝公开手稿. 是的，提交最终完整证明的人，才算是证明了费马大定理的人. 一旦把自己经过7年努力完成的手稿在还存在缺陷的情况下公开，他就会被淹没在那些可能成为补缺者的人所提出的有待澄清的各种问题和要求之中，这些分心的事会毁灭他自己改进证明的希望，而同时却给别人提供了线索. 他不能束手坐等，眼看着别人去完成证明，获得荣誉.

怀尔斯恢复了在自己的顶楼里认真研究的习惯，偶尔他也会在普林斯顿湖边闲逛，就像他过去所做的那样. 但是，那些以前经过他身旁时只是简单地挥手致意的慢跑者、骑自行车者和划船人，现在却会停下来问他那个缺陷是否有所改进? 而在数学系里，则不时有些闲言碎语. 约翰·H·康韦(John H. Conway)回想当时系里饮茶休息室中的气氛: "我们在下午3点聚集在一起喝茶，匆匆吃点饼干点心. 有时候我们讨论数学问题，有时候议论辛普森案件，有时候则谈论安德鲁的进展. 因为没有人实际上愿意出头露面去问他证明进行得怎么样了，所以我们的举动有点像苏联问题专家那样. 有人会说: '我今天早上看见安德鲁了．'——'他笑了没有?'——'嗯，是的，不过他看上去并不太高兴．'我们只能从他的脸色来判定他的情绪．"

峰回路转, 绝处逢生

严冬已经到来，突破的希望似乎已成泡影．甚至有家报纸的文章宣称怀尔斯已经放弃了，证明已经不可挽回地失败了．虽然这只是猜测，但是有一点确实是真的，那就是怀尔斯已经把各种可能的办法都用上了，他不知道还有没有别的什么办法．

怀尔斯向好友萨纳克承认自己所面临的绝境，他准备承认失败．萨纳克向他暗示困难的一部分来自怀尔斯缺少一个他可以信赖的进行日常讨论的人，没有他能够与之探讨想法的人，也没有能鼓励他利用一些其他的处理方法的人．萨纳克建议怀尔斯寻找一个他信得过的人，再试一次弥补这个缺陷．

怀尔斯需要一个能运用科利瓦金-弗莱切方法的专家，而且这个人还要能够对问题的细节保守秘密．经过认真考虑，他决定邀请剑桥大学讲师理查德·泰勒到普林斯顿来和他一道工作．泰勒是怀尔斯论文的6位审稿人之一，也是怀尔斯以前的学生，去年他曾坐在牛顿研究所的听众席上注视着他以前的导师讲述这个世纪性的证明，因此没有比他更为合适的人选了．

1994年1月，泰勒来到普林斯顿，在他的协助下，怀尔斯再一次精心地使用科利瓦金-弗莱切方法，试图解决问题. 偶尔他们感到似乎进入了新的境地, 但是最终又会发现仍然是回到了原来的出发地. 在经历了比以前更为深入的探索并一再失败之后, 他们俩都认识到他们是在一个无比巨大的迷宫中, 而这个迷宫无边无际, 没有出口, 他们会陷在其中而不能自拔.

就在事情看起来像是糟到极点的时候, 一个电子邮件突然出现在世界各地的计算机屏幕上. 日期: 1994年4月3日. 标题: 又是费马!内容主要是说哈佛大学的诺姆·埃尔基斯教授在研究所里宣布了关于费马大定理的一个十分复杂的反例, 即费马大定理是不成立的!因此, 似乎谷山-志村猜想也是不对的. 署名是普林斯顿大学的亨利·达蒙.

这真是一个晴天霹雳!难道怀尔斯无法完成证明的根本原因竟是费马大定理本身是不正确的?! 而且, 根据弗雷的命题, 这等于是间接地发现了关于谷山-志村猜想的一个反例, 一旦这个20多年来数学家们已经默认成立的猜想是错的, 那么一大批以它为前提的结果也就全错了.

因此, 数学家们向埃尔基斯教授发出了连珠炮似的问题, 但是没有回音, 至于他为什么保持沉默也没有任何解释, 也没有人能够得到这个反例的精确细节. 这到底是怎么回事?

经过一两天的骚动后, 有些数学家重新看了一下这份电子邮件, 才发现虽然它署的日期确实是4月2日或4月3日, 但却已经是第二次或第三次发送, 最初发出的日期原来是"愚人节"的4月1日. 这份电子邮件是加拿大数论家达蒙设计的叫人上当的恶作剧, 当然, 对那些制造有关费马大定理流言蜚语的人们也是一个教训.

整个夏季, 怀尔斯和泰勒没有取得进展. 经过7年多不间断的努力和一生的迷恋, 怀尔斯准备遗憾地承认失败. 他告诉泰勒他看不出继续进行他们修改证明的尝试有什么指望. 泰勒准备在普林斯顿过完9月份后回剑桥, 因此他建议再坚持一个月, 如果到9月底还没有什么能修改好的迹象, 那么他们就放弃, 公开承认他们的失败并发表那个有缺陷的证明, 使其他人有机会研究它.

难道与这道数学难题的搏斗注定要以失败而告终吗?怀尔斯回顾自己在过去的8年里, 先是用了1年半作精心的准备, 然后用了1年的时间利用伽罗瓦群走完了第一步. 为了完成归纳证明的关键的第二步, 他先是用了岩泽理论, 开始时似乎非常有效, 但一年后终于失败了, 接着是两年的毫无进展; 后来发现了科利瓦金-弗莱切方法, 他放弃了岩泽理论而采用这个新的技术, 一年内顺利进展, 又经过半年的核对检查, 他在剑桥宣布了自己的证明. 但不到两个月, 科利瓦金-弗莱切方法又被发现是有缺陷的, 而且1年多来, 任何修改这个方法的企图都失败了. 当然, 可以聊以自慰的是, 除了涉及科利瓦金-弗莱切方法的最后一部分外, 自己的工作还是很有价值的. 但是, 他至少想要弄清楚自己走到这一绝境的原因. 当泰勒重新探索和检验一些替换的方法时, 怀尔斯决定在9月份对科利瓦金-弗莱切方法的结构作最后一次检查. 就在他回顾自己走过的道路, 仔细检查为什么会在迷宫里不能自拔的苦苦思索中, 突然间峰回路转, 绝处逢生.

那是"9月19日, 一个星期一的早晨, 当时我坐在桌子旁, 检查着科利瓦金-弗莱切的方法. 这倒不是因为我相信自己能使它行得通, 而是我认为至少我能够解释为什么它行不通. 我想我是在捞救命稻草, 不过我需要使自己放心. 突然间, 完全出乎意料, 我有了一个难以置信的发现. 我意识到, 虽然科利瓦金-弗莱切方法现在不能完全行得通, 但是我只需要它就可以使我原先采用的岩泽理论奏效. 我认识到科利瓦金-弗莱切方法中有足够的东西使我原先的3年前的工作中对这个问题的处理方法取得成功. 所以, 这个问题的正确答案似乎就在科利瓦金-弗莱切的废墟之中."

单靠岩泽理论不足以解决问题, 单靠科利瓦金-弗莱切方法也不足以解决问题, 但把它们结合在一起却可以完美地互相补足. 这是怀尔斯永远不会忘记的灵感迸发进而顿悟的瞬间, 当他后来谈到这一时刻时, 仍然心潮澎湃, 热泪盈眶: "它真是无法形容地美; 它又是多么简单和明确. 我无法理解我怎么会没有发现它, 足足有20多分钟我呆望着它不敢相信. 然后白天我到系里转了一圈, 又回到桌子旁指望搞清楚情况是否真是这样. 情况确实就是这样. 我无法控制自己, 我太兴奋了. 这是我工作经历中最重要的时刻, 我所做的工作中再也没有哪一件会具有这么重要的意义."

"这是我感到轻松的第一个晚上,我把事情放到第二天再去做.第二天早晨我又一次作了核对,到11点时我完全放心了,下楼告诉我的妻子,'我已经懂了!我想我已经找到它了.'她根本没有料到有这样的事,以为我正在谈论孩子的玩具或其他事情,所以她说,'找到了什么?'我说,'我已经把我的证明搞好了,我已经懂了.'"

怀尔斯从新婚开始发起向费马大定理这个顽固堡垒的冲击,8个年头过去了,他已经是两个孩子的父亲,是他的妻子内达始终给了他最大的支持.去年10月,内达希望怀尔斯能够弥补好证明中的缺陷,把完成大定理的证明作为给她的生日礼物,遗憾的是没有能够实现."这一次,在她生日晚宴后一会儿,我把完成了的手稿送给了她.我想她对那份礼物比我曾送给她的任何别的礼物更为喜欢."

最后的堡垒终于攻克,费马大定理这个困惑了世间智者358年的谜团终于彻底解开.1994年10月25日11点4分11秒美国俄亥俄州立大学教授、怀尔斯过去的学生卡尔·鲁宾向数学界的朋友发了一个后来被广为传送的电子邮件:费马大定理的最新情况

"今天早晨,有两篇论文的预印本已经公开,它们是:'模椭圆曲线和费马大定理',作者是安德鲁·怀尔斯;'某些赫克代数的环论性质',作者是理查德·泰勒和安德鲁·怀尔斯.

第一篇是篇长文,除了包含一些别的内容之外,它宣布了费马大定理的一个证明,而这个证明中关键的一步依赖于第二篇短文.

正如你们中的大多数人知道的那样，怀尔斯在他的剑桥演讲中所描述的证明被发现有严重的漏洞，即欧拉系的构造。在怀尔斯努力补救这个构造没有成功之后，他回到他原先试过的另一途径，以前由于他偏爱欧拉系的想法而放弃了这个途径。在作了某些赫克代数是局部完全交的假设之后，他可以完成他的证明。这一想法以及怀尔斯在剑桥演讲中描述的其余想法写成了第一篇论文。泰勒和怀尔斯合作，在第二篇论文中，建立了所需的赫克代数的性质。

证明的整个概要和怀尔斯在剑桥描述的那个相似。新的证明和原来的那个相比，因为排除了欧拉系，更为简单和简短了。"

图16　满怀成功喜悦的怀尔斯在费马的墓前

1995年5月美国《数学纪事》(Annals of Mathematics)杂志刊登了这两篇论文:

Modular elliptic curves and Fermat's Last Theorem(模椭圆曲线和费马大定理), by Andrew Wiles, Annals of Mathematics 142(1995), 443–551.

Ring-theoretic properties of certain Hecke algebras(某些赫克代数的环论性质), by Richard Taylor and Andrew Wiles,Annals of Mathematics 142(1995),553–572.

最高的嘉奖

1996年3月, 怀尔斯获得了**沃尔夫奖**和5万美元 (参看附录), 成为获此殊荣的最年轻学者.

1997年6月27日, 怀尔斯收到了5万美元的**沃尔夫斯凯尔奖金**. 历史竟是如此微妙, 就在格丁根皇家科学协会规定的最后期限只剩下10年的时候, 沃尔夫斯凯尔当年的遗愿终于实现了.

1998年, 第23届国际数学家大会在柏林举行, 会上颁发的菲尔兹奖按规定只能授予40岁以下的数学家, 但是, 为了表彰怀尔斯对数学科学事业作出的特别重大的贡献, 在大会开幕式上, 破天荒地给他颁发了"特别贡献奖": 一块国际数学联盟银牌. 这也是迄今为止大会授予的唯一的一个特别贡献奖. 第二天, 他在大会上作了题为"数论20年"的演讲.

2005年, 怀尔斯又荣获被称为"东方诺贝尔奖"的**邵逸夫数学科学奖**和100万美元奖金(参看附录).

怀尔斯现为普林斯顿大学数学系主任，英国皇家学会会员，美国科学院外籍院士.

2005年8月28日他第一次来到中国访问，29日下午，他在北京大学数学科学学院与数学家们亲切会见，并通过记者给中国青年报的读者赠言：

我认为中国的年轻人工作非常努力，希望他们勇于追求自己所挚爱的东西，因为对事业的投入和热爱将使他们在前进的途中所向披靡.

安德鲁·怀尔斯
2005年8月29日

8月30日下午，怀尔斯在北京大学英杰交流中心阳光大厅给大学生们作了一个精彩的演讲.

图17　怀尔斯在演讲结束后和同学们亲密交谈

十 四、几 点 启 示

从1637年费马给世人留下了不解之谜,到1995年怀尔斯的论文正式发表,358年里,一代代数学家们前赴后继,奋力攀登,留下了丰富的数学遗产,更留下了宝贵的精神财富.

1. 应当注意数学直觉能力的培养

费马有过不少数学猜想,其中绝大多数被后人所证实. 费马的过人之处是他的数学直觉. 虽然他在《算术》书边写的"我已找到了一个奇妙的证明"现在看来可能只是一个有漏洞的证明,但他的结论却是对的. 而且在数学发展史上,正是这种合理的猜测,推动了数学科学的不断发展.

正如钱学森先生所说:**"科学上的创新光靠严密的逻辑思维不行,创新的思想往往开始于形象思维,从大跨度的联想中得到启迪,然后再用严密的逻辑加以验证."** (见2005年11月22日《光明日报》). 多年来,我国的数学教育及教学,过于偏重演绎推理和逻辑思维能力的培养,甚至发展到使学生淹没在题海之中,而忽视或忽略了对学生的数学直觉和形象思维能力的培养;忽视或忽略了让学生们的左、右脑协调发展. 这不能不说是一大缺憾. 一个不会发现问题, 只懂得去思考别人给出问题的人, 不可能有创造性的成就. 在数学教育和教学中, 以及在我们自己的学习和研究中, 都应当注意和加强数学直觉能力的培养.

2. 特别严格、严密和精确是数学科学特有的精神

费马大定理的研究十分鲜明地反映了数学科学有别于其他学科的特点. 观测、试验、联想、猜测是很多学科探索客观规律所共用的方法. 对于一些实验性学科和工程技术而言, 如果一项试验有数百次或数千次成功, 通常已可以认为结论是可信的了. 但数学则不然, 即使一个命题、一个猜想验证了几百万次、几千万次都是对的, 也不能说它已经得到了证明. 只有当它被逻辑地、丝毫无误地证明了对于一切情形都正确时, 才能作出定论. 这种特别的严格、严密和精确是数学科学特有的精神. 这是数学科学的特点, 也是她的难点.

3. 要研究好的数学问题

什么才是好的数学问题?怀尔斯说: "**判断一个数学问题是否是好的, 其标准就是看它能否产生新的数学, 而不是问题本身**". 有些数学问题看上去好像并没有什么实际意义, 但其证明过程却大大丰富和发展了数学的理论和方法, 有些则对数学的发展产生了难以估量的影响.

希尔伯特曾把费马大定理喻为是"**一只会**

下金蛋的鹅". 的确, 费马大定理的证明过程, 极大地推动了**代数数论**和**代数几何**等数学分支的发展. 约翰·科茨说: "用数学的术语来说, 这个最终的证明可与分裂原子或发现DNA的结构相比, 对费马大定理的证明是人类智力活动的一曲凯歌, 同时, 不能忽视的事实是它一下子使数论发生了革命性的变化. 对我来说, 安德鲁的成果的美和魅力在于它是走向代数数论的巨大的一步."

1996年和怀尔斯一道分享10万美元沃尔夫奖的还有一位数学家罗伯特·朗兰兹(R. Langlands, 1936 —). 20世纪60年代, 他被谷山-志村猜想将椭圆曲线和模形式这两个完全不同的领域统一起来所具有的潜力所吸引, 进一步提出了一个更为宏伟得多的统一化计划, 一个使数学不同领域之间的证明统一化的猜想, 即著名的朗兰兹纲领(Langlands programme). 怀尔斯通过对谷山-志村猜想的证明, 将椭圆曲线和模形式统一了起来, 这个成功表明, 一个领域中的问题可以通过并行领域中的对应问题来解决. 沃尔夫奖委员会认为, 怀尔斯的证明就其本身来说是一个令人震惊的成就, 而同时它也给朗兰兹纲领注入了生命力. 这是一个可能使数学进入又一个解决难题的黄金时期的突破性工作. 当代数学正走向综合和统一.

4. 只有付出, 才有所得

马克思有一句名言: "**在科学上面是没有平坦的**

大路可走的，只有那在崎岖小路的攀登上不畏劳苦的人，才有希望到达光辉的顶点."

数学研究是极其艰苦的劳动，浅尝辄止，急功近利，遇难而退，自暴自弃，成不了大业. 热尔曼的自尊自信、自强不息，怀尔斯的胸怀大志、专注执着是光辉的榜样.

霍华德·W·伊夫斯说"一个高超的问题解答者必须具备两种不协调的素质——永不安分的想象和极具耐心的执拗." 没有不断创新的精神和能力不行，没有耐得住寂寞和清贫，十年面壁志破壁的精神和毅力也不行. 因此，能够到达光辉顶点的人只是那些出类拔萃的人. 我们每一个人在自己人生的道路上都会面对一座座高低不等的山峰，我们都可以也应当尽力去征服这一座座山峰，并达到自己力所能及的顶点.

5. 要有科学的态度和方法

怀尔斯的成功，固然是由于他的天赋和勤奋，但与他科学的研究方法、严谨的治学态度、虚心向他人学习以及善于和他人合作的精神也是密不可分的.

怀尔斯是厚积薄发的榜样. 为了圆其童年时代的梦想，他在大学和研究生期间打下了坚实的数学基础，并在随后的科研工作中增长了才干，掌握了规律. 在他决定向费马大定理发起攻击的时候，他用了两年多的时间详细地占有资料，熟悉已有的理论，熟练地掌握已有的方法、技巧，十分清楚研究的现状和困难所在，找准了突破口，采用了合适的方法. 怀尔斯的成功告诉我们，最基本的也是最重要的. 怀尔斯的成功也告诉我们，数学爱好者不要盲目地去做数学难题. 我们每一个从事科研工作的人从怀尔斯的成功中也都可以得到启发，学到东西.

怀尔斯是继承创新的典范. 他的专业是数论，研究方向是椭圆曲线理论，但他在椭圆曲线和属于不同研究领域的模形式之间解决了架起桥梁的难题；他借鉴、利用、改进了前人创造的伽罗瓦群、岩泽理论、科利瓦金-弗莱切方法，等等，并将不同的方法相互补充，创立了新的方法. 数学科学理论的新的生长点常常是在不同学科、不同分支以及不同方法的交叉融合之中，在数学本身不同分支的交融中得到启发；在数学内部各种不同工具和方法的相互补充中完善；在数学与其他学科的相互渗透中开拓. 这种交叉融合正是当代数学科学的一个重要特点和发展趋势.

怀尔斯的成功，是互相学习，交流合作的成果. 虽然，在怀尔斯向堡垒冲击的前7年间他完全处于秘密状态，但当他在归纳证明最关键的第二步一筹莫展的时候，是由于出席学术会议才从导师科茨教授那里知道了一种新的研究方法；在他即将完成第一次文稿时，是由于同事凯兹教授的帮助才能通过开设系列讲座来帮助核对；在他自以为证明没有问题的时候，是审稿人帮助他找到了漏洞，从而避免了不可挽回的遗憾；在他试图弥补论文中的缺陷毫无进展的时候，是他的好朋友萨纳克教授的提醒，使他请来自己过去的学生泰勒讲师协助研究；并且正是泰勒的鼓励,使他得以在最后一次的坚持努力之中绝处逢生.怀尔斯不会忘记这些帮助他攀上顶峰的老师、同事、朋友和学生.从这当中,我们既可以看到怀尔斯虚心向他人学习,善于和他人合作的优良品质;也可以进一步懂得再能干的人也需要别人帮助的道理.要向前人学习,向老师学习,也要向同行学习,向自己的学生学习,真正做到虚怀若谷,不耻下问.要独立钻研,也要相互讨论.参加学术会议,组织专题讨论班、研究班,对于科研工作者来说不仅是重要的也是必要的.合作搞科研而把论文发表时的排名次序看得太重,是一种不好的心态,也是现实生活中的一个不好的导向.

6. 好的体制,助人成功

怀尔斯取得成功与普林斯顿大学对教学科研人员的科学的管理体制是分不开的.一方面,学者们不应当短视浮躁、急功近利;另一方面,有远见的管理者们应当努力创造一个良好的环境和机制.只有这样,科学家才可能静下心来解决一些大问题,文学家才可能有传世之作.

附录
几个国际数学大奖

　　大家知道, 诺贝尔在遗嘱中决定奖励在物理学、化学、生理学和医学领域作出最重要发现的科学家、写出优秀文学作品的作者以及对世界和平事业作出杰出贡献的人. 但是诺贝尔未设数学奖, 这是为什么?一种流行的说法是诺贝尔不希望瑞典数学家G. Mittag-Leffler获得该奖. 也有人认为, 真正的原因是诺贝尔是一位19世纪典型的天真的发明家, 炸药的发明需要材料、果断和直觉, 但不需要任何高等数学知识.

　　如今国际上有关数学的奖项有数十种, 其中影响最大并被公认为是目前数学家能获得的最高奖有菲尔兹奖和沃尔夫奖等.

"数学界的诺贝尔奖"——菲尔兹奖

　　菲尔兹数学奖是根据加拿大数学家菲尔兹(Fields, 1863—1932) 的倡议而设立的.

　　多伦多大学教授菲尔兹以其卓越的组织才能使1924 年多伦多国际数学家大会取得了很大成功. 他建议利用这次大会结余的经费

设立一项国际性的数学奖, 在每4年一届的国际数学家大会上奖给两位杰出的年轻数学家. 1932年8月9日菲尔兹不幸病逝, 临终前他立下遗嘱并将一笔个人的捐款加到前述剩余经费中, 请人转交给1932年在苏黎世召开的国际数学家大会. 大会接受了这笔资金, 但没有采纳菲尔兹关于此奖不要以个人、国家或机构来命名, 而用"国际奖"的名义的要求, 决定命名为"菲尔兹奖", 作为对他的纪念.

首届菲尔兹奖在1936年奥斯陆国际数学家大会上颁发, 迄至2006年已颁发了16次, 获奖者共有48人, 获奖者都不超过40岁. 在1974年国际数学家大会上还明确规定该奖只授予40岁以下的数学家.

菲尔兹奖是一枚金质奖章和1500美元, 奖章的正面是阿基米德的头像, 反面用拉丁文镌刻着"超越人类极限, 做宇宙主人".

图18 菲尔兹奖章

菲尔兹奖主要是奖励已获得的成果, 但也含有鼓励获奖者取得进一步的成就的希望, 这意味着菲尔兹奖是授予那些能对未来数学发展起重大作用的人, 因此只授予年轻人.

菲尔兹奖受到世人重视, 客观上是因为数学已渗透到几乎所有的学科并走向社会的各个角落, 人们越来越关注当今数学的成就, 但最根本的原因是由于获奖者的出色才干. 他们不仅在获奖前已经取得重大成果, 而且日后仍然不断前进. 如今, 很多人把菲尔兹奖看作是数学界的诺贝尔奖.

1949年出生在中国的美籍华人丘成桐, 由于在1976年解决了微分几何领域里著名的"卡拉比猜想", 还解决了一系列与非线性偏微分方程有关的其他几何问题, 并证明了广义相对论中的正质量猜想等杰出成就, 于1983年荣获了菲尔兹奖. 1975年出生于澳大利亚的华裔数学家陶哲轩, 由于调和分析等方面的出色研究成果, 2006年获菲尔兹奖.

沃 尔 夫 奖

菲尔兹奖只授予40岁以下的年轻人, 意在鼓励获奖者继续探索, 努力创造, 但不能对一个数学家一生的成就给予评价. 从1978年开始颁发的沃尔夫奖则与菲尔兹奖互为补充, 交相辉映, 弥补了这一缺憾.

沃尔夫奖是由沃尔夫基金会资助的奖项. 捐设基金的沃尔夫(Wolf, 1887—1981)是一个传奇式的人物. 他生于德国的一个犹太人家庭, 化学博士. 第一次世界大战前移居古巴, 致力于从炼钢废物中提取金属的工艺研究近20年, 获得成功并致富. 他是卡斯特罗领导的古巴革命的早期支持者之一, 1961年出任古巴驻以色列大使, 1973年古巴和以色列断交后沃尔夫决定留在以色列并在那里度过了余生. 1976年, 沃尔夫以其家族的名义捐赠1000万美元成立沃尔夫基金会, 其宗旨是"促进科学与艺术的发展以造福于人类", 设化学、农业、医学、物理学、数学奖, 从1978年开始每年颁奖一次, 从1981年起增设了艺术奖. 每个领域的奖金都是10万美元, 由获奖者均分. 章程规定获奖人的遴选应"不分国家、种族、肤色、性别和政治观点", 评奖委员会每年聘请世界著名专家组成, 颁奖仪式在耶路撒冷举行, 由以色列总统授奖.

获奖者的极佳学术水准, 使沃尔夫奖的声誉越来越高. 6名沃尔夫医学奖获得者接着就获诺贝尔生理学或医学奖, 另有3位沃尔夫奖获得者后来获诺贝尔物理学奖或化学奖.

沃尔夫数学奖的选定, 是根据对候选人数学成就的综合评价, 获奖者几乎都是蜚声国际数学界多年的大数学家. 迄今41名获奖者的年龄平均在60岁以上. 著名美籍华裔数学家陈省身先生于1984年荣获沃尔夫数学奖. 1996年获奖的43岁的怀尔斯则是迄今为止获此殊荣的最年轻的数学家.

邵逸夫奖

被称为"东方诺贝尔奖"的邵逸夫奖是香港著名实业家邵逸夫先生于2002年11月资助设立的,旨在表彰在学术研究或应用研究领域取得突出成果,并对人类生活产生深远影响的科学家. 该奖分设天文学奖、生命科学与医学奖、数学科学奖等三项,每年颁奖一次,每项奖金100万美元. 2004年5月27日,首届邵逸夫奖评选揭晓,9月7日在香港会展中心颁奖. 数学科学奖授予了陈省身,以表彰他开辟整体微分几何学的成就以及他对这个数学方向一直以来的领导. 怀尔斯于2005年获邵逸夫数学科学奖,2006年我国著名数学家吴文俊成为获此殊荣的第三人. 邵逸夫数学科学奖遴选委员会认为,吴文俊早年在拓扑学方面有开创性的贡献,他自上世纪70年代转而研究用计算机证明几何命题,并发现了一个新的有效方法将几何命题转化为代数命题,从而可以用计算机解决几何命题,创造了一个新兴学科.

参 考 文 献

[1] 西蒙·辛格. 费马大定理——一个困惑了世间智者358年的谜[M]. 薛密, 译. 上海: 上海译文出版社, 1998.

[2] 冯克勤. 费马猜想[M]. 北京: 科学出版社, 2002.

[3] 李文林. 数学史概论[M]. 第2版. 北京: 高等教育出版社, 2002.

[4] 张奠宙. 20世纪数学经纬[M]. 上海: 华东师范大学出版社, 2002.

[5] 周明儒. 文科高等数学基础教程[M]. 北京: 高等教育出版社, 2005.

[6] Allyn Jackson. 费马大定理证明之现况[J]. 数学译林, 13: 4(1994)308-310.

后　记

　　在我上大学的时候，曾听说过费马小定理和费马大定理．1993年我作为访问学者在中国科学院数学研究所访问研究期间，听到了一些关于怀尔斯对费马大定理的证明似乎出了一些问题的传闻．出于对数学界如此重大事件的关注，我看过一些有关的报道、文章和书籍．看得愈多，感触愈深．虽然代数数论和代数几何不是我的专业，我也没有看过怀尔斯的证明，但是，即使不谈证明本身，而仅仅就从这个证明的过程来看，对自己的教育和震动也是十分巨大的．

　　这个前前后后长达358年的探索历程，涉及那么多的数学家和那么多的国际一流数学大师，特别是怀尔斯的8年艰苦攀登，其本身就是一部难得的再好不过的教科书，是一笔凝聚了数学科学精神的极其珍贵的财富．我们应当认真地学习她，积极地宣传她，让她在人们的心里生根，并且在继承中发扬光大．正是出于这样的动机，我不揣学识的浅陋，把自己了解的一些情况整理写成这个小册子，我侧重的不是有关数学知识的介绍，而是数学家们在研究、解决费马大定理的过程中所体现出来的数学科学精神和数学研究的一些思想方法，并且特别注意比较详细地介绍了怀尔斯的心路历程(其中大部分根据主要参考文献1)以及一些数学家的感人经历,因为我感到这些对我们是更有教益的.

写作过程中最难的是如何处理所涉及的一些艰深的数学专业知识. 我借鉴参考文献中的方法,尽可能用通俗的语言来描述.

冯克勤先生的《费马猜想》一书,比较通俗、系统地介绍了与费马大定理有关的一些数学背景知识,值得一看. 想深入研究的读者,需要进一步学习一些数学专著,例如:

潘承洞,潘承彪. 代数数论. 第2版. 济南: 山东大学出版社, 2001.

潘承洞,潘承彪. 模形式导引. 北京: 北京大学出版社, 2002.

黎景辉,赵春来. 模曲线导引. 北京: 北京大学出版社, 2002.

李大潜院士仔细审阅了我的文稿,并提了宝贵的修改意见,谨致衷心的感谢.

因本人水平所限,书中缺点或错误在所难免,敬请批评指正.

周明儒
2006年3月5日初稿
5月2日二稿
10月30日三稿
2007年4月15日四稿
于徐州师范大学

郑重声明

高等教育出版社依法对本书享有专有出版权。任何未经许可的复制、销售行为均违反《中华人民共和国著作权法》，其行为人将承担相应的民事责任和行政责任；构成犯罪的，将被依法追究刑事责任。为了维护市场秩序，保护读者的合法权益，避免读者误用盗版书造成不良后果，我社将配合行政执法部门和司法机关对违法犯罪的单位和个人进行严厉打击。社会各界人士如发现上述侵权行为，希望及时举报，我社将奖励举报有功人员。

反盗版举报电话　　(010)58581999　58582371

反盗版举报邮箱　　dd@hep.com.cn

通信地址　　北京市西城区德外大街4号

　　　　　　　高等教育出版社法律事务部

邮政编码　　100120

读者意见反馈

为收集对教材的意见建议，进一步完善教材编写并做好服务工作，读者可将对本教材的意见建议通过如下渠道反馈至我社。

咨询电话　　400-810-0598

反馈邮箱　　hepsci@pub.hep.cn

通信地址　　北京市朝阳区惠新东街4号富盛大厦1座

　　　　　　　高等教育出版社理科事业部

邮政编码　　100029